VORWORT

Das vorliegende Begleitmaterial zielt auf die Förderung leistungsstarker Schülerinnen und Schüler in heterogenen Lerngruppen. Inhaltlich orientiert sich das Material an dem Schülerbuch SEKUNDO 9, bietet aber zu jedem Kapitel neue und herausfordernde Aufgabenstellungen an, ohne nachfolgende Lerninhalte dieser oder einer späteren Klassenstufe vorzuziehen. Bei der Konzeption sind neben inhaltlichen auch methodische Überlegungen berücksichtigt worden, um die Lehrkraft im Umgang mit der zunehmenden Heterogenität der Lerngruppen durch ein vielfältiges Angebot zur Binnendifferenzierung des Unterrichts zu unterstützen.

Die **Trainingsseiten** bieten ein weitgehend analoges Angebot zu Aufgabenstellungen des Schülerbuchs, allerdings auf deutlich höherem Anspruchsniveau. Leistungsstärkere Schülerinnen und Schüler bearbeiten diese Aufgaben, während sich der andere Teil der Lerngruppe mit ähnlichen Übungen aus dem Schülerbuch oder dem Arbeitsheft Sekundo 9 beschäftigt. Zur Unterstützung der Unterrichtsplanung enthält das Inhaltsverzeichnis auf der hinteren Umschlagseite einen Verweis auf die jeweils parallel einsetzbare Seite des regulären Arbeitsheftes.

Die **Schwerpunktseiten** zielen auf die gezielte Förderung ausgewählter prozessbezogener Kompetenzen. Im Arbeitsheft 9 plus liegt der Schwerpunkt auf **Modellieren**. Hierzu sind – passend zu den Lerninhalten der einzelnen Kapitel des Schülerbuchs – motivierende Aufgaben entwickelt worden, die dazu auffordern, Problemstellungen aus unserer „realen Welt“ mit mathematischem Blick zu betrachten und in ein passendes mathematisches Modell zu übertragen. Anschließend müssen die mathematischen Lösungen auf die „reale Welt“ zurückbezogen und hierbei auch überprüft werden, ob alle Lösungen sinnvoll sind. Wie aber kommt man von einem real gegebenen Problem zu einem mathematischen Modell? Hierauf gibt es keine eindeutige Antwort im Sinne eines Rezeptes. Dennoch lassen sich vier zentrale Arbeitsschritte angeben, die für jeden Modellierungsprozess von Bedeutung sind: Aufgabe verstehen, Situation strukturieren, mathematisch arbeiten, Ergebnis erklären. Zur weiteren Unterstützung des Kompetenzerwerbs bietet das vorliegende Arbeitsheft zu jedem der vier Teilschritte eine Orientierungsgrundlage in Form von Leitfragen, Denkanstößen und anderen Hilfestellungen an, die den Modellierungsprozess anfangs vollständig begleiten, dann nach und nach im Umfang abnehmen, bis schließlich die Lernenden fähig sind, die vier zentralen Arbeitsschritte des Modellierungsprozesses selbstständig auszuführen.

Die **Projektseiten** beinhalten motivierende Problemstellungen, die sich für die vertiefende Behandlung aktueller Lerninhalte oder für deren stärkere Vernetzung mit zurückliegenden Inhalten eignen. Sie bestehen überwiegend aus einer Aufgabenstellung, deren Teilaufgaben nach und nach an Komplexität zunehmen. Daher muss für eine effektive Bearbeitung dieser Seiten ausreichend Zeit eingeplant werden. Dieses Angebot für leistungsstärkere Schülerinnen und Schüler eignet sich daher insbesondere für Unterrichtsphasen, in denen die Unterschiede im individuellen Übungsbedarf innerhalb einer Lerngruppe besonders ausgeprägt sind. Einige dieser Projektseiten sind zudem für die Bearbeitung in kooperativen Arbeitsformen konzipiert und mit einem entsprechenden Symbol () gekennzeichnet. Sofern es die Gegebenheiten der Lerngruppe erlauben, können die Projektseiten mit spielerischen Arbeitsformen in heterogen zusammengesetzten Kleingruppen bearbeitet werden.

Die **Vermischten Aufgaben** sind anspruchsvolle Aufgaben mit kurzer Bearbeitungszeit. Sie bieten in der Regel mehrere voneinander unabhängige Problemstellungen zu den Inhalten des jeweiligen Kapitels an, mit denen sich leistungsstärkere Schülerinnen und Schüler in kürzeren Übungsphasen sinnvoll beschäftigen können.

Am Heftende fordert eine **Aufgabensammlung** entsprechend des Schwerpunkts dieses Arbeitsheftes dazu auf, mathematisch zu modellieren. Sechs abwechslungsreiche Problemstellungen fordern dazu auf, sich in inner- wie außermathematischen Kontexten Zusammenhänge zu erschließen, Vermutungen aufzustellen und zu begründen sowie Argumentationen nachzuvollziehen, zu ergänzen, zu bewerten und ggf. zu korrigieren.

Sofern der Unterricht im Klassenverband unter derselben Schwerpunktsetzung durchgeführt wurde, kann diese Aufgabensammlung auch von allen Schülerinnen und Schülern in leistungsheterogenen Tandems bearbeitet werden.

Dem Arbeitsheft liegen ausführliche Lösungen bei. Dies ermöglicht eine weitgehend selbstständige Arbeit der Schülerinnen und Schülern.

Wir wünschen allen hierbei viel Erfolg sowie viel Spaß.

Das Autorenteam

Sachsituationen

1. Jandrik bekommt von seinen Eltern seit seinem 4. Geburtstag am 1. Januar 2002 jeden Monat Taschengeld. Dieses stieg zu Beginn jedes Jahres um den gleichen Betrag. Die Tabelle zeigt einige Beträge.

a) Ergänze die fehlenden Werte in der Tabelle.

Jahr	monatlicher Betrag
2002	
2005	
2008	22 €
2010	
2013	
2016	50 €

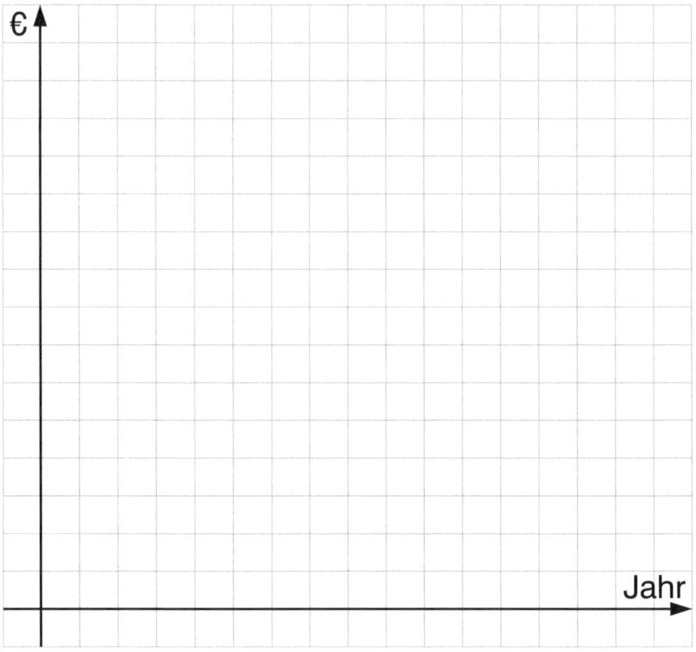

b) Um wie viel Euro stieg das Taschengeld jedes Jahr? ____________ €

c) Erstelle im Koordinatensystem rechts eine geeignete Skalierung, trage die Wertepaare als Punkte ein und verbinde sie.

d) Gib eine Gleichung an, die dir den Taschengeldbetrag y im Jahr x berechnet.

y = ____________

2. Der Airbus A380 ist ein wahrer Gigant der Lüfte. Das moderne Flugzeug ist mit sehr genauen Messinstrumenten ausgestattet. So ergab sich bei einem vollbesetzten Flug einige Zeit nach dem Start die folgende Wertetabelle für verschiedene Größen:

Strecke in km	200	500	700	1100
Außentemperatur in °C	–40,7	–41,5	–45,3	–45,9
Luftdruck in hPa	281,4	279,2	280,7	278,0
Kerosinmenge im Tank in m^3	251,2	245,5	241,8	234,1

a) Zwischen zwei der oben aufgeführten Größen besteht ein annähernd linearer Zusammenhang. Nenne diese und weise den linearen Zusammenhang rechnerisch nach.

____

____

b) Bestimme die Geradengleichung für den oben beschriebenen Zusammenhang.

y = ____________

c) Gib den Wert der Steigung und des y-Achsenabschnitts an. Wie kann man die Steigung im Sachzusammenhang interpretieren?

____

____

d) Der Tank eines Airbus A 380 fasst insgesamt 324 540 Liter Kerosin. Wie weit könnte er damit vollbesetzt theoretisch fliegen?

____

____

Paare suchen mit Funktionen: Sportgraphen

1. Je ein Funktionsgraph passt zu einer Sportart. Ordnet sie einander zu.

A
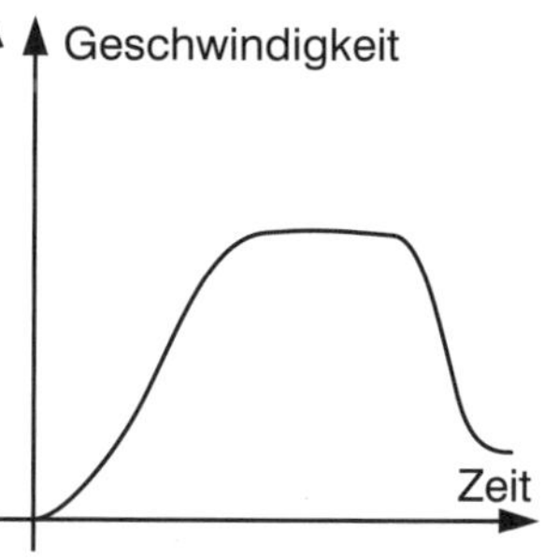

B

C
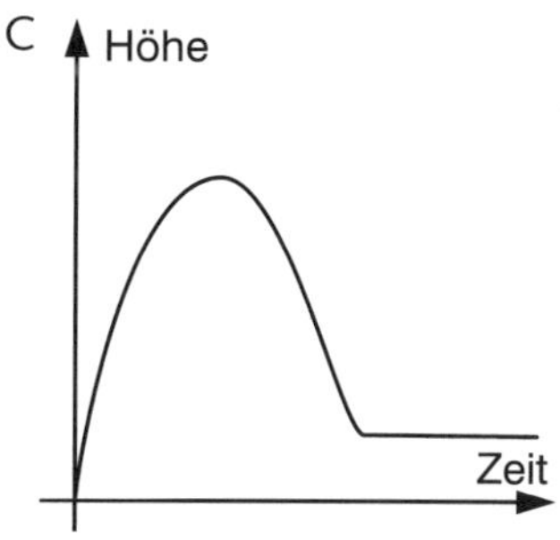

D
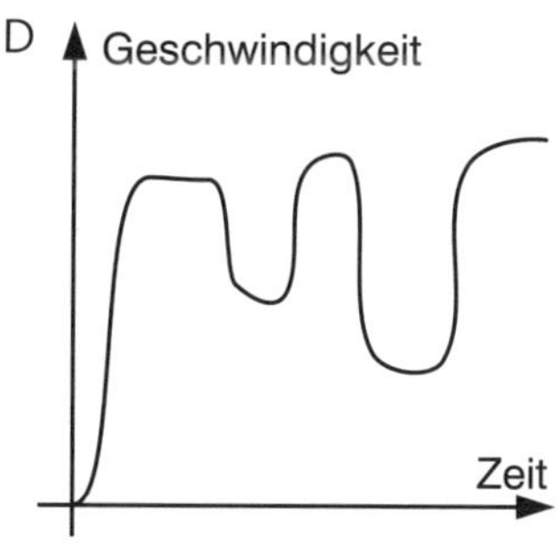

2. Erstellt nun selbst drei Graphen zu den jeweils darüber abgebildeten Sportarten. Denkt euch anschließend zum vierten Graphen selbst eine Sportart aus. Beschreibt für diese Sportart den Zusammenhang zum Graphen.

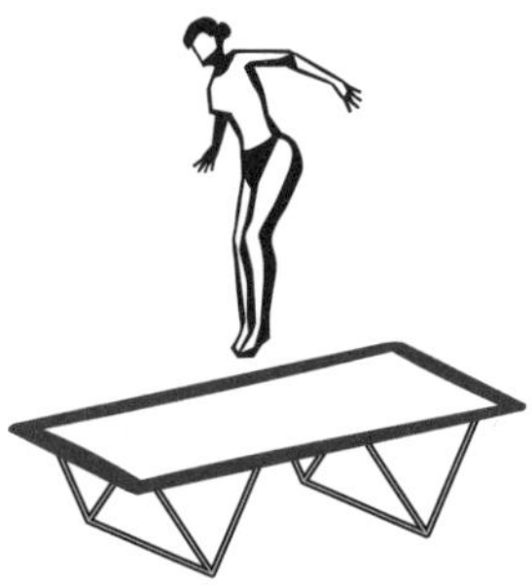

E

F
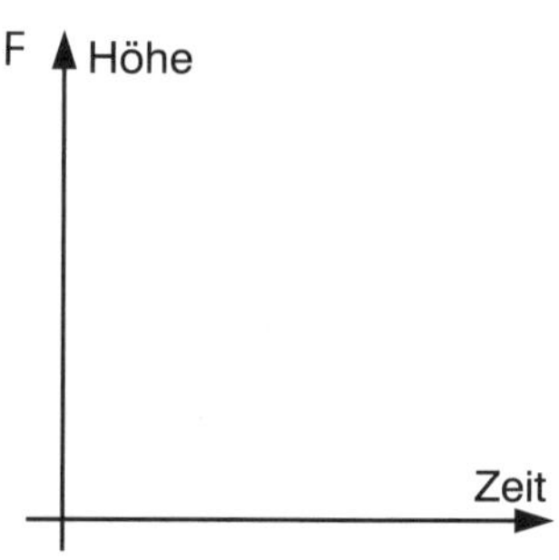

G
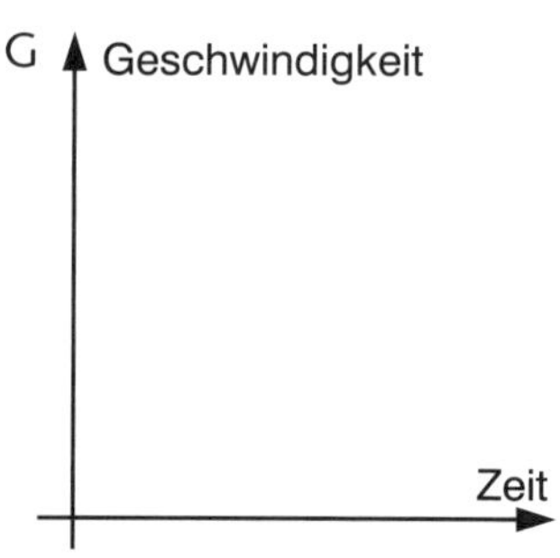

H
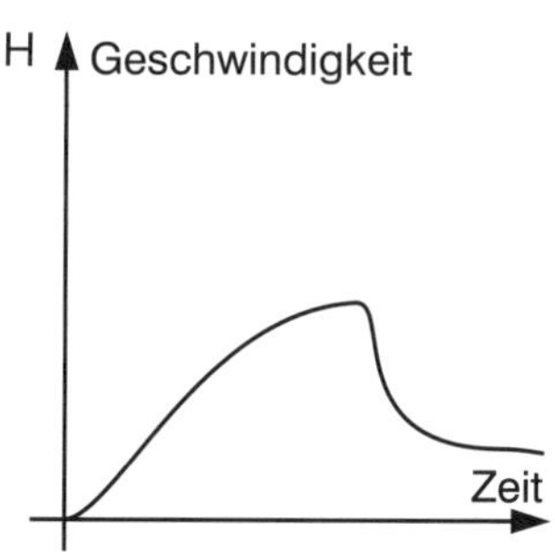

3. Überlegt euch rechts noch eine weitere Sportart mit zugehörigem Graphen. Denkt daran, die Achsen zu beschriften.

4. Lasst euch das ausgefüllte Arbeitsblatt von eurem Lehrer kopieren. Schneidet die Kärtchen aus, klebt sie auf Karton und spielt damit „Paare suchen" (Memory). Wenn ihr eure Karten mit denen einer Nachbargruppe tauscht, ist die Herausforderung noch größer.

I
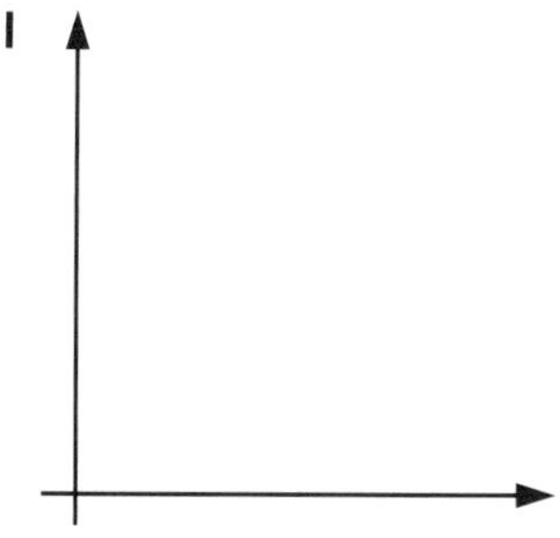

Handytarife

Manche Aufgaben in der Mathematik haben einen realitätsbezogenen Kontext. Diese Aufgaben nennt man **Modellierungsaufgaben**. Hier muss man zunächst ein mathematisches Modell (z.B. Gleichungen, geometrische Figuren, ...) aufstellen, das zwar nicht genau der Realität entspricht, das aber benutzt werden kann, um auf die gestellte Frage eine Antwort zu finden. Am folgenden Beispiel soll dieses Vorgehen verdeutlicht werden.

Merle möchte ihren Handytarif wechseln, da ihr der alte Tarif zu teuer geworden ist. Vorrangig nutzt Merle ihr Handy, um SMS zu schreiben. Um einen Vergleich zu haben, hat sie sich bei drei verschiedenen Anbietern Angebote eingeholt. Welchen Tarif sollte Merle wählen?

IDLA-PHONE

Nur bei uns:
Keine Grundgebühr,
kein Mindestumsatz!

Anrufe in alle Netze:
0,14 €/ Minute

Jede SMS 0,11 €

L-Mobile

Bei nur 9,95 € Grundgebühr
120 Inklusiv-Einheiten.*

Jede weitere Minute: 0,24 €
Jede weitere SMS: 0,19 €

* *Als Einheit zählt entweder eine Gesprächsminute oder eine SMS in alle deutschen Netze. Mindestlaufzeit: 24 Monate.*

Vodatalk

»...«

*Der All-Inclusive-Tarif für nur 19,99 €.**

FLAT: Telefonate in alle Netze kostenlos!

FLAT: SMS in alle Netze kostenlos!

* Mindestlaufzeit: 24 Monate.

Das Bearbeiten von Modellierungsaufgaben lässt sich grob in vier Phasen einteilen. Fülle im Folgenden die Lücken aus und beantworte die Fragen, um die vier Phasen kennen zu lernen.

Aufgaben verstehen

Als erstes musst du die Aufgabe richtig verstehen. Dazu solltest du die Aufgabe genau lesen und alle wichtigen Informationen unterstreichen. Wörter, die du nicht verstehst, solltest du nachschlagen, zum Beispiel:

Grundgebühr: *Gebühr, die unabhängig von der Minuten-/SMS-Anzahl jeden Monat gezahlt werden muss*
Mindestlaufzeit: *die Zeitspanne, für die der Vertrag mindestens gilt*
Inklusiv: *„im Preis inbegriffen", das heißt, es muss nicht extra bezahlt werden*

Wenn unklare Begriffe erklärt sind, solltest du die gegebenen Informationen noch einmal in einer anderen, möglichst übersichtlichen Form darstellen. Notiere dafür die wichtigen Anbieterinformationen in der Tabelle.

Anbieter	*IDLA-Phone*	*L-Mobile*	*Vodatalk*
Grundgebühr	*keine*		
Mindestlaufzeit	*keine*		
Was ist inklusive?	*nichts*		
Minutenpreis	*0,14 €*		
SMS-Preis	*0,11 €*		

Schließlich solltest du die Fragestellung noch einmal mit eigenen Worten wiederholen. Versetze dich dafür in Merles Situation hinein. Woran ist Merle bei ihrer Tarifwahl interessiert?

____

____

____

Situation strukturieren

In der zweiten Phase „Situation strukturieren" geht es darum, wichtige von unwichtigen Informationen zu trennen. Auch solltest du dir überlegen, ob noch Informationen fehlen. Wenn Informationen fehlen, musst du diese recherchieren oder aber geeignete Annahmen treffen.
In Merles Situation kann man die Minutenpreise ignorieren und stattdessen nur die SMS-Preise betrachten. Es müssen geeignete Annahmen für Merles SMS-Verhalten getroffen werden. Angenommen, Merle schreibt pro Tag im Durchschnitt zwischen vier und sechs SMS, dann kommt sie im Monat

auf ______ bis ______ SMS.
Erkläre, warum die Minutenpreise nicht beachtet werden und Annahmen für Merles SMS-Verhalten getroffen werden.

____

____

Mathematik benutzen

In der dritten Phase „Mathematik benutzen" wird ein zu den oben getroffenen Annahmen passendes mathematisches Verfahren zur Lösung der Aufgabe ausgewählt und angewendet.
In Merles Fall beschreibt die Zuordnung *Anzahl der SMS in einem Monat → Preis in €* mathematisch

für jeden Anbieter eine ____________ und kann somit als ____________ im Koordinatensystem dargestellt werden. Gib zunächst für jeden Anbieter wichtige Wertepaare an und zeichne dann die drei Graphen. Nutze möglichst für jeden der drei Anbieter eine andere Farbe.

IDLA-Phone: ____________ **L-Mobile:** ____________ **Vodatalk:** ____________

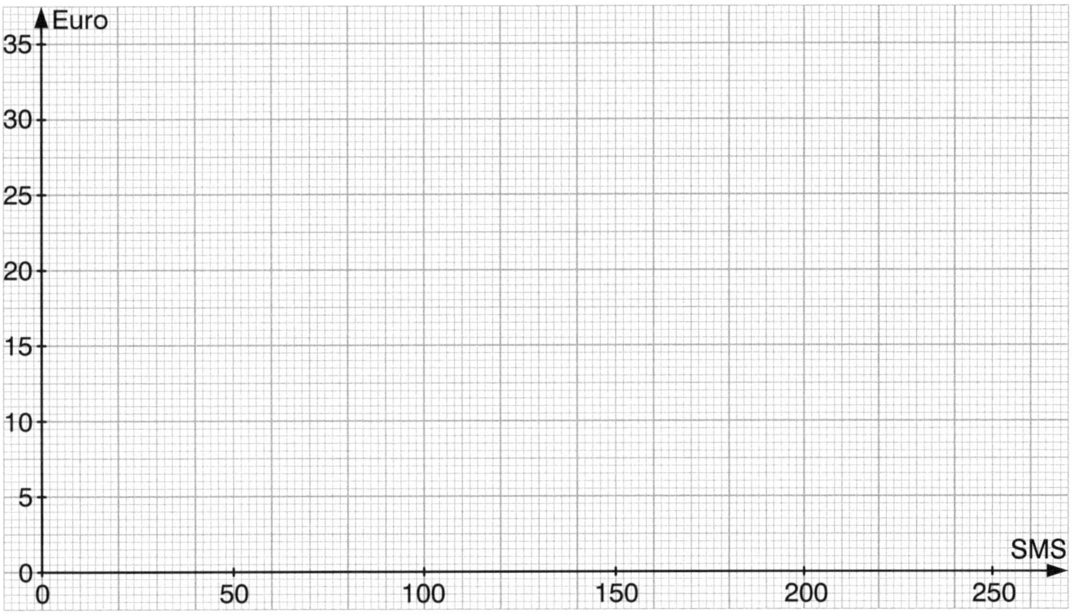

Ergebnis erklären

In der letzten Phase muss das mathematische Ergebnis schließlich inhaltlich erklärt werden. Dabei sollte man auch immer beurteilen, ob das erhaltene Ergebnis überhaupt stimmen kann. Ist dies nicht der Fall, kehrt man wieder zur ersten Phase zurück und verändert das Modell.
Wenn man davon ausgeht, dass Merle im Monat zwischen ______ und ______ SMS schreibt, kommen bei Betrachtung der Graphen zwei Anbieter in Frage:

1. ____________ (zwischen ______ und ______ SMS)
2. ____________ (zwischen ______ und ______ SMS).

Am Ende der Aufgabe sollte ein Antwortsatz stehen. Gib Merle nun eine Empfehlung für einen der beiden Anbieter und begründe sie.

____

____

1. Die Koordinatensysteme haben keine Skalierung. Kannst du die Geradengleichungen trotzdem den passenden Graphen zuordnen? Bei richtiger Zuordnung ergibt sich ein Lösungswort.

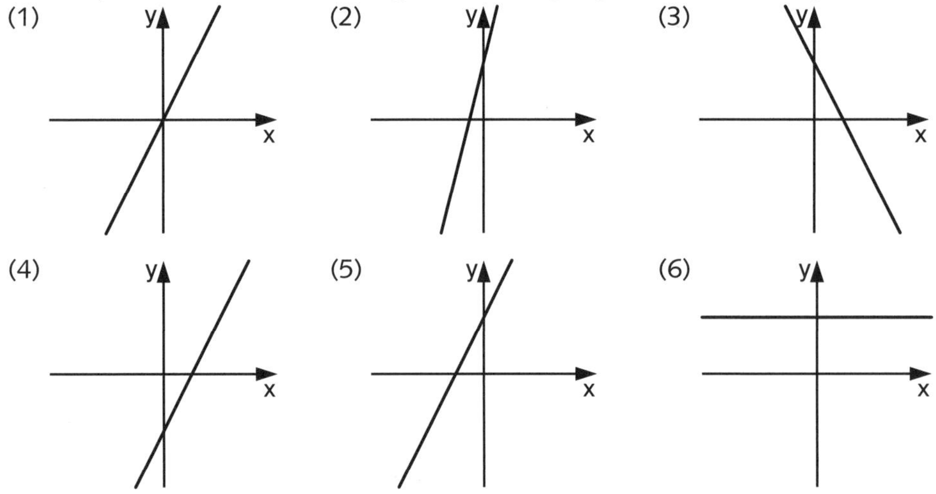

E	y = 2x + 2
L	y = 4x + 2
N	y = 2
O	y = 2x
V	y = 2x – 2
I	y = –2x + 2

Lösungswort:

1		2		3		4		5		6	

2. Wenn man in das rechts abgebildete Koordinatensystem Geraden einzeichnet, entstehen Figuren, die durch die beiden Achsen, die gestrichelte Linie und den jeweiligen Graphen begrenzt werden. Die Geraden sollen so gewählt werden, dass der Flächeninhalt der entstehenden Figur jeweils 8 Flächeneinheiten beträgt.

a) Welche geometrischen Figuren können entstehen? Gib zu jeder Figur eine passende Geradengleichung an.

Figur	Geradengleichung
	y =
	y =
	y =

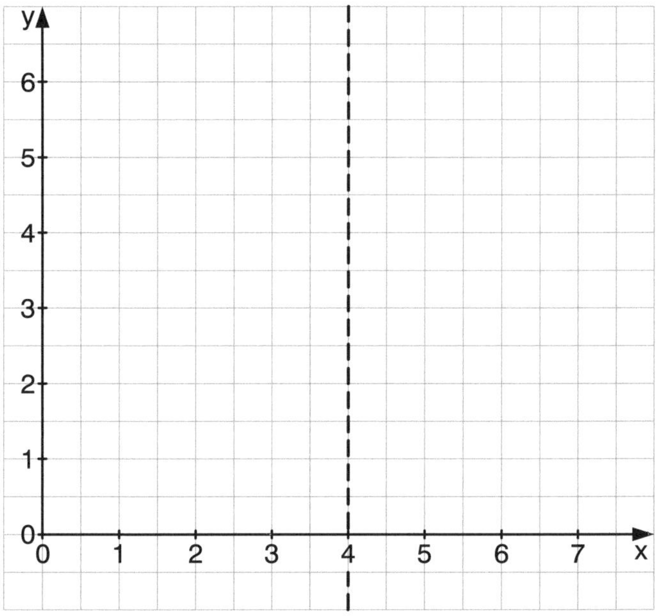

b) Alle Geraden, die die oben genannte Bedingung erfüllen, haben eine gemeinsame Eigenschaft. Welche ist das?

3. Gesucht ist die Gleichung einer Geraden. Wenn man diese Gerade nacheinander
(1) an der x-Achse spiegelt,
(2) 90° gegen den Uhrzeigersinn um ihren Schnittpunkt mit der y-Achse dreht,
(3) um 6 Einheiten nach rechts und
(4) um 2 Einheiten nach unten verschiebt,
so erhält man eine proportionale Funktion, die durch den Punkt (3 | –2) geht.
Wie lautet die Geradengleichung der ursprünglichen Gerade?

y =

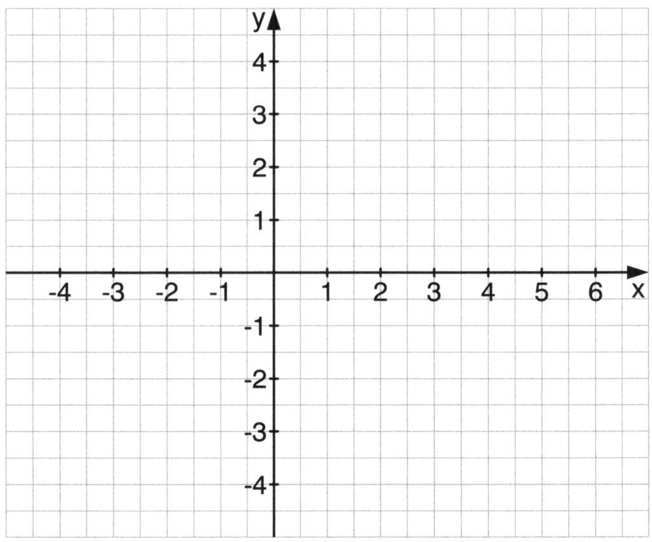

Potenzen und Wurzeln

1. Berechne die Lücken im Kopf

a) $\sqrt{\_\_\_\_} = 0{,}9$	b) $\sqrt{1{,}44} =$ ______	c) $\sqrt{\_\_\_\_} = \frac{1}{4}$	d) $\sqrt{\frac{0}{121}} =$ ______
e) $\sqrt{-5} =$ ______	f) $\sqrt{\frac{27}{3}} =$ ______	g) $\sqrt{1000000} =$ ______	h) $\sqrt{0{,}0001} =$ ______
i) $\sqrt{\sqrt{81}} =$ ______	j) $\sqrt{\sqrt{1}} =$ ______	k) $\sqrt{8{,}7753^2} =$ ______	l) $\sqrt{\_\_\_\_} = 2^2$

2. Berechne anhand der gegebenen Größen jeweils die Seitenlänge a und den Umfang u des Quadrats.

a) 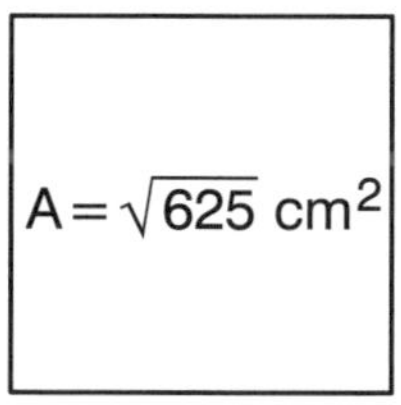	b) 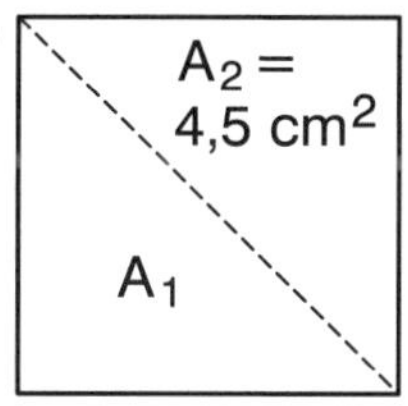	c) 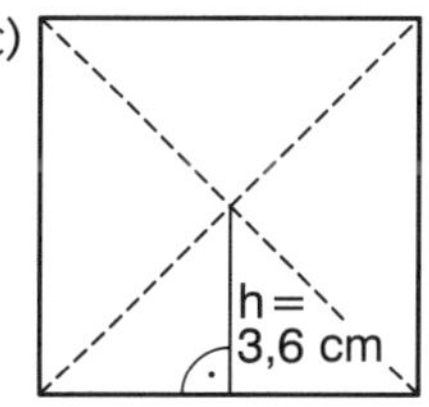	d) 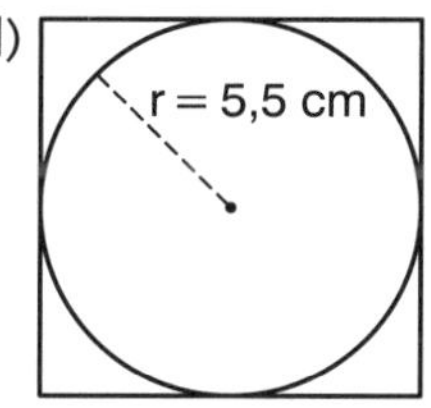
a = ______ cm	a = ______ cm	a = ______ cm	a = ______ cm
u = ______ cm	u = ______ cm	u = ______ cm	u = ______ cm

3. Berechne – wenn nötig – mit dem Taschenrechner und runde auf Hundertstel.

a) $\sqrt{\frac{3}{17}} =$ ______	b) $\sqrt{0{,}\overline{1}} =$ ______	c) $\sqrt{\left(\frac{13}{6}\right)^2} =$ ______	d) $\sqrt{\frac{4a^3b^7}{5a^3b^7}} =$ ______
e) $\sqrt{1{,}00000000000000000000000000000000000000000001} =$ ______			f) $\sqrt{\left(\frac{34}{17}\right)^4} =$ ______

4. Zwischen welchen Zahlen liegt die Wurzel? Streichst du diese weg, so ergibt sich von oben nach unten gelesen ein Wort.

a) $\sqrt{0{,}1}$	(O) 0	(Z) $\frac{1}{2}$	(E) $\frac{10}{10}$
b) $\sqrt{5a^2}$	(R) 1a	(U) 2a	(P) 3a
c) $\sqrt{1000}$	(D) $\frac{622}{22}$	(T) $\frac{620}{20}$	(M) $\frac{618}{18}$
d) $\sqrt{\frac{1}{999}}$	(L) $\frac{1}{10}$	(W) $\frac{1}{100}$	(E) $\frac{1}{1000}$

Lösungswort: **a)** ____ **b)** ____ **c)** ____ **d)** ____

5. Für seine 67 Schafe will Bauer Peter ein neues viereckiges Gehege mit 7500 m^2 bauen. Da eine Seite von einer Bergwand begrenzt ist, braucht er nur für die übrigen 3 gleichlangen Seiten einen Zaun. Was muss Bauer Peter zahlen, wenn er pro Meter Zaun 4,95 € und für ein 3 m breites Gatter 289,– € zahlen muss?

Skizze:

Bis zum Mond

Wie oft müsste man ein Blatt Papier falten, damit es die Entfernung zwischen Erde und Mond überbrückt?

Mond: Gravitation: 1,622 m/s²
Umlaufzeit: 27 Tage
Kleinster Abstand zur Erde (Perigäum): 356 400 km
Größter Abstand zur Erde (Apogäum): 404 000 km
Alter: 4,527 Milliarden Jahre

Auch die Bearbeitung dieser Aufgabe lässt sich grob in vier Phasen einteilen. Fülle im Folgenden die Lücken:

Aufgabe verstehen

Zunächst gilt es, die Aufgabe überhaupt zu verstehen. Hierzu empfiehlt es sich, diese mehrfach zu lesen, evtl. unbekannte Worte nachzuschlagen, eine Skizze anzufertigen und die Fragestellung in eigenen Worten nochmals zu notieren.

Worte:

Skizze: 1. Faltung:

2. Faltung:

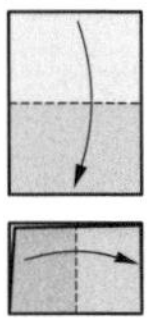

Fragestellung:

Situation strukturieren

Da man teilweise fehlende, ungenaue und überflüssige Angaben hat, muss man gewisse Annahmen treffen bzw. Informationen ignorieren.

Für die Papierdicke schätzt man einen sinnvollen Wert: ________ mm

Auch wenn es einen Unterschied macht, ob man auf der Erde auf einem Berg oder am Strand steht, kann man den Mittelwert der beiden angegebenen Erdentfernungen nehmen: ______________ km

Zudem geht man davon aus, dass man das Papier theoretisch unendlich oft falten kann, was praktisch natürlich nicht möglich ist.

Die anderen Angaben, wie z.B. das Alter, kann man für die vorliegende Fragestellung ignorieren.

Mathematik benutzen

Das Papierfalten führt immer zu einer Verdoppelung der Papierdicke. Das x-malige Verdoppeln kann man durch ________-Potenzen beschreiben. Also erhält man folgende Funktion (x steht für die Anzahl an Faltungen):

Dicke y (in mm) des gefalteten Papiers bei x Faltungen: y = _______________

Nun kann man durch Ausprobieren mit dem Taschenrechner bestimmen, wie oft man den Faktor 2 benötigt, um die mittlere Erdentfernung als Länge zu erhalten: ______-mal benötigt man den Faktor 2.

Ergebnis erklären

Wenn man davon ausgeht, dass die mittlere Erdentfernung ______________ km beträgt, Papier eine Dicke von ________ mm hat und man Papier unbegrenzt oft falten kann, dann müsste man das Papier ________-mal falten, damit man die mittlere Entfernung zwischen Erde und Mond dadurch überbrücken könnte. Das Ergebnis ist zunächst überraschend klein, aber man kann es dadurch erklären, dass

____

____

____

Mathematische Wurzeln

In eurem Schulbuch Sekundo 9 findet ihr auf der Seite zur Einführung der Wurzeln den folgenden Merkkasten:

Die Quadratwurzel (kurz: Wurzel) aus einer positiven Zahl a ist diejenige positive Zahl, die mit sich selbst multipliziert die Zahl a ergibt.

Beispiele: $\sqrt{64} = 8$ $\sqrt{1{,}44} = 1{,}2$ $\sqrt{3} \approx 1{,}73$

Quadrieren

$\sqrt{25} = 5$, denn $5^2 = 25$

Wurzelziehen

Darin wird genau beschrieben, wie man die Wurzel aus einer Zahl zieht bzw. was man unter der Wurzel einer Zahl mathematisch versteht. Aber wieso heißt es eigentlich Wurzelziehen? Hat das etwas mit den Wurzeln in der Erde zu tun? War der „Erfinder" des mathematischen Wurzelziehens gar ein Hobbygärtner?

Wahrscheinlich lässt sich der Begriff „Wurzel" auf ein bei Euklid (um 300 v. Chr.) gestelltes Problem zurückführen. Darin wird zu einem Rechteck mit festem Flächeninhalt A_1 ein Quadrat gesucht, das den gleichen Flächeninhalt A_1 aufweist:

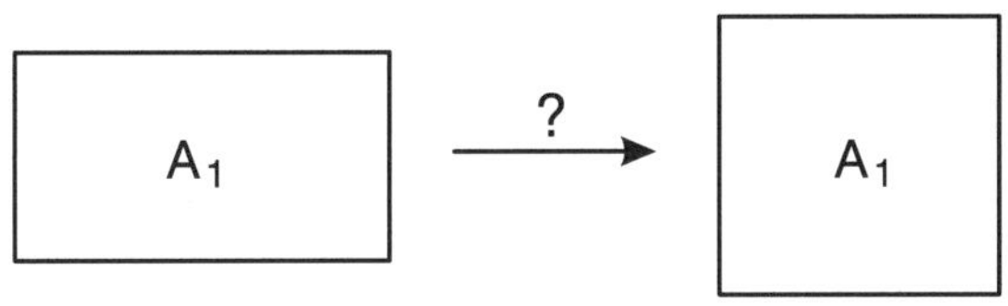

Um das gesuchte Quadrat eindeutig zu bestimmen, benötigt man die Zahl, die mit sich selbst multipliziert A_1 ergibt. Ihr würdet sagen: „Man sucht die Wurzel aus A_1". Dies entspricht der Länge der Grundseite des Quadrates. Im Lateinischen heißt das Wort für Grundseite des Quadrats „radix".

„Radix" bedeutet aber auch „Wurzel", und so ist bei der Übersetzung ins Deutsche dann fälschlicherweise der Begriff „Wurzel" übernommen worden. Deswegen ziehen wir in der Mathematik die Wurzel.

a) Erkläre, warum die Umkehroperation des Wurzelziehens als Quadrieren bezeichnet wird (siehe obiger Merkkasten).

Wie am Beispiel „Wurzel" gesehen, lassen sich viele mathematische Begriffe aus dem Lateinischen herleiten; so auch die Begriffe „Potenz", „rational" und „irrational".

b) Das Wort „Potenz" leitet sich vom lateinischen Wort „potens" ab, das „mächtig, gewaltig oder einflussreich" bedeutet. Finde eine mathematische Erklärung für diese Begriffswahl.

c) Die Wörter „rational" und „irrational" leiten sich vom lateinischen Wort „ratio" ab, das „vernünftiges Denken, Vernunft" bedeutet. Finde eine Erklärung für diese mathematische Begriffswahl.

1. Unsere Erde hat eine Masse von ca. $5{,}974 \cdot 10^{24}$ kg.
Davon sind ca. 1 400 000 000 000 000 000 Liter Wasser.
Zu wie viel Prozent besteht unsere Erde aus Wasser?

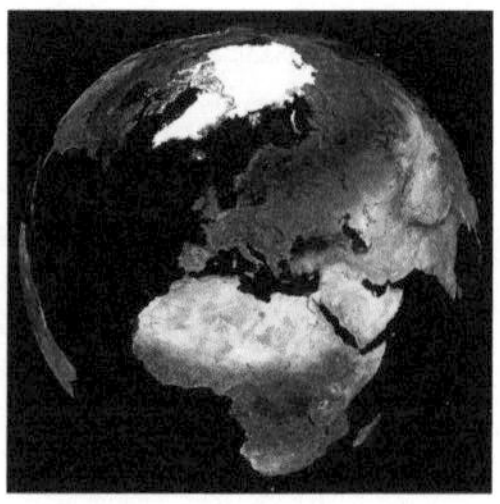

2. Man kann nicht nur im gewohnten 10er-Stellenwertsystem mit Potenzen rechnen, sondern auch in jedem anderen Stellenwertsystem. Beispiel für das 8er-Stellenwertsystem: $(235{,}7)_8 = 2 \cdot 8^2 + 3 \cdot 8^1 + 5 \cdot 8^0 + 7 \cdot 8^{-1} = (157{,}875)_{10}$

a) Formuliere den folgenden Satz aus dem Schulbuch für das 8er-Stellenwertsystem:

Merksatz 10er-Stellenwertsytem:

> Sehr große und sehr kleine Zahlen kann man auch als Produkt aus einer Zahl *zwischen 1 und 10* und einer Zehnerpotenz schreiben. Das bezeichnet man als **Standardschreibweise**.
> *Beispiele:* $27\,000\,000\,000 = 2{,}7 \cdot 10^{10}$ $\quad 0{,}00000059 = 5{,}9 \cdot 10^{-7}$

Merksatz 8er-Stellenwertsytem:

b) Addiere die beiden folgenden Zahlen des 8er-Stellenwertsystems und gibt das Ergebnis im dezimalen Stellenwertsystem an: $(3{,}45)_8 \cdot (10)_8^{-5} + (1{,}55)_8 \cdot (10)_8^{-4}$

3. Begründe, ohne einzelne Werte zu berechnen, welcher der folgenden Graphen die Wurzelfunktion $f(x) = \sqrt{x}$ darstellt bzw. nicht darstellt.

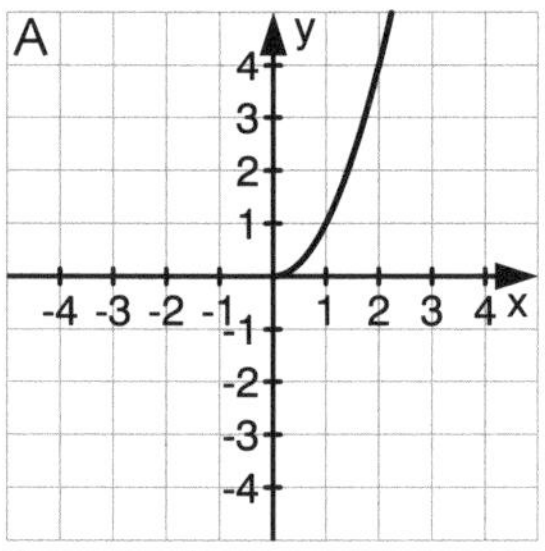

Begründung:

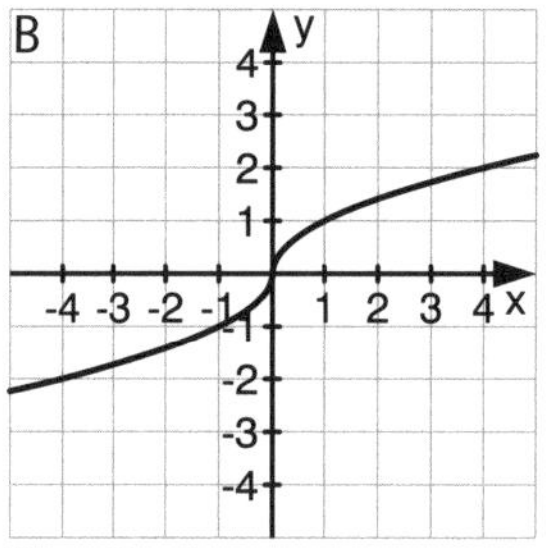

Begründung:

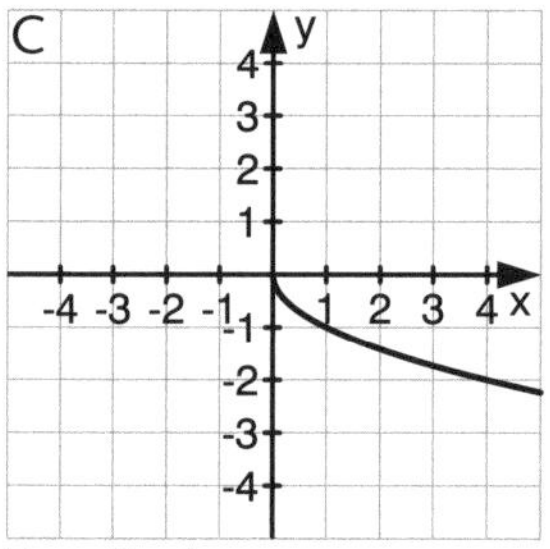

Begründung:

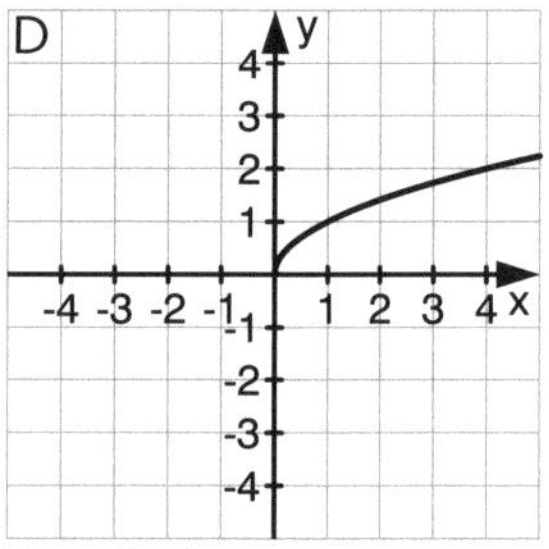

Begründung:

4. Rechts abgebildet siehst du ein Koordinatensystem, bei dem auf den ganzzahligen Koordinaten Gitterpunkte sind.

a) Kann es eine proportionale Funktion $y = m \cdot x$ geben, die genau vier Gitterpunkte trifft? Wenn ja, dann gib sie an; wenn nein, dann begründe, warum nicht.

b) Kann es eine proportionale Funktion $y = m \cdot x$ geben, die nie einen Gitterpunkt trifft? Wenn ja, dann gib sie an; wenn nein, dann begründe, warum nicht.

TIPP: Überlegt zunächst in welchem Zusammenhang die Gitterpunkte, die Steigung einer proportionalen Funktion und rationale Zahlen stehen.

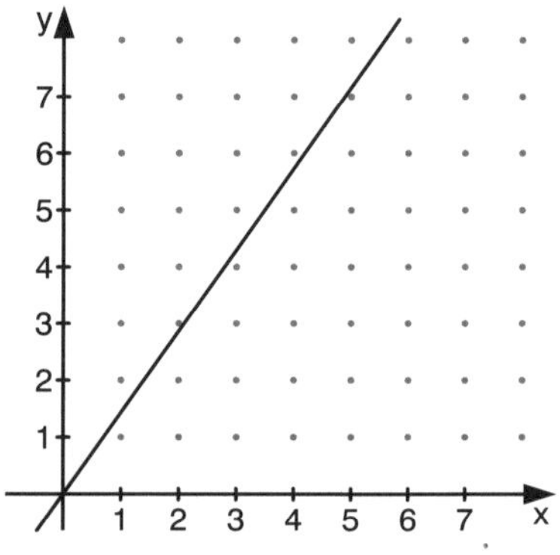

Satz des Pythagoras

1. Ergänze die Tabelle für die Seiten (in cm) eines rechtwinkligen Dreiecks. Runde, wenn nötig, auf mm.

	Hypotenuse c	Kathete a	Kathete b	Hypotenusen-Quadrat = Summe der Katheten-Quadrate
Beispiel Lösung	____ 2,1	1,5 1,5	1,5 1,5	$c^2 = (1{,}5\text{ cm})^2 + (1{,}5\text{ cm})^2$ $c^2 = 4{,}5\text{ cm}^2 \quad \vert\sqrt{}$ $c = 2{,}121 \ldots \text{ cm} \approx 2{,}1\text{ cm}$
a)	____	0,5	17,2	
b)	____	0,0001	0,0002	
Beispiel Lösung	5,4 5,4	____ 3,0	4,5 4,5	$(5{,}4\text{ cm})^2 = a^2 + (4{,}5\text{ cm})^2 \quad \vert -4{,}5^2$ $8{,}91\text{ cm}^2 = a^2 \quad \vert\sqrt{}$ $a = 2{,}98 \ldots \text{ cm} \approx 3\text{ cm}$
c)	110		1,1	
d)	$\frac{3}{5}$		0,3	
e)	6,5	$\frac{6}{5}$		
f)	$17\frac{17}{18}$	$\frac{17}{17}$		

2. Beantworte jeweils die angegebene Frage. (Die Skizzen sind nicht maßstabsgetreu.)

A	B	C	D
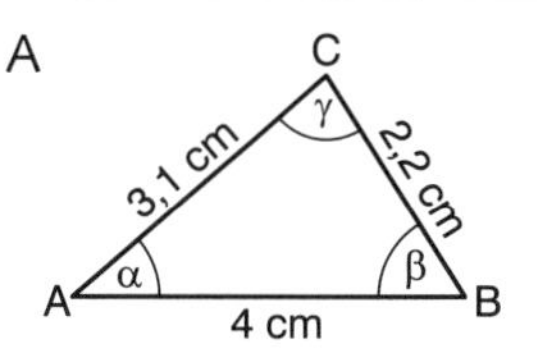	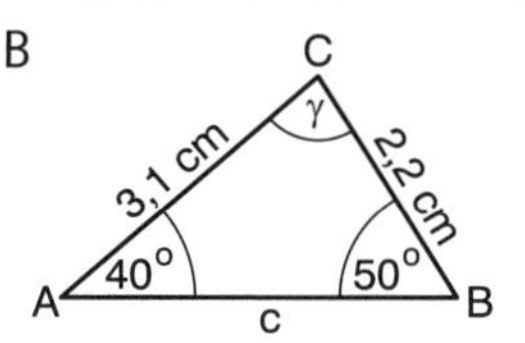	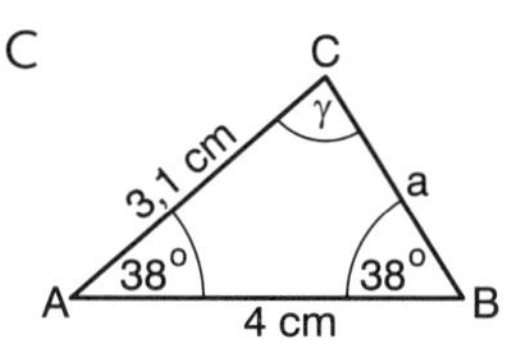	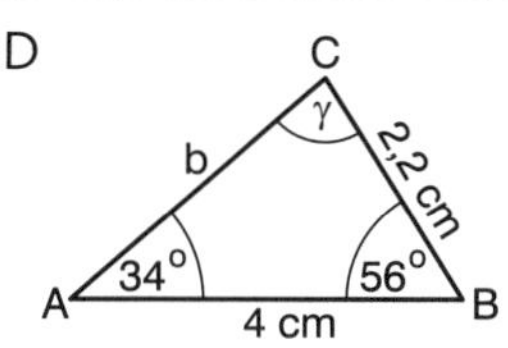
Handelt es sich um ein rechtwinkliges Dreieck? Begründe.	Wie lang ist die Seite c?	Wie lang ist die Seite a?	Wie lang ist die Seite b?

3. Man kann Koordinaten nicht nur in der Ebene mit x- und y-Achse angeben, sondern auch im Raum. Hierzu benötigt man noch eine dritte Achse, die z-Achse genannt wird. Die z-Koordinate eines Punktes wird nach der y-Koordinate angegeben. Ein Punkt im Raum kann z.B. die Koordinaten $(2_x \mid 3_y \mid 4_z)$ haben.
Bestimme jeweils den Abstand der folgenden Punkte.

a) P_1 (0 | 0 | 0) und P_2 (0 | 0 | 1); Abstand: ________________

b) P_1 (0 | 0 | 0) und P_3 (0 | 1 | 1); Abstand: ________________

c) P_1 (0 | 0 | 0) und P_4 (1 | 1 | 1); Abstand: ________________

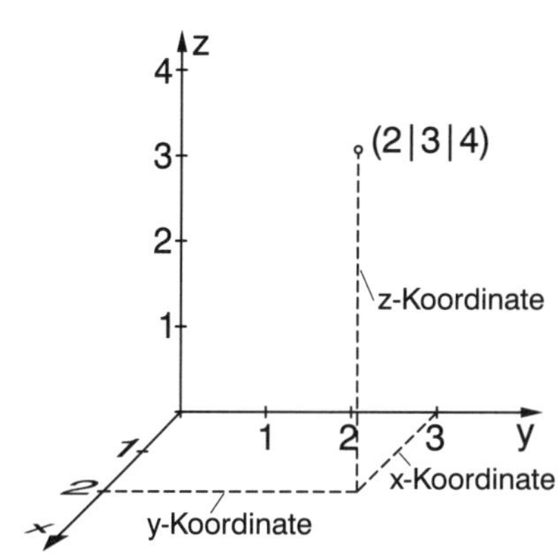

Alarm, Alarm

Die folgende Anwendungsaufgabe verlangt von dir, dass du zunächst ein mathematisches Modell konstruierst, mit dem du die Frage dann beantworten kannst.

Die Feuerwehr von Töpferstadt hat sich das neue Hubrettungsfahrzeug DL-1975 gekauft. Laut einer Rettungsvorschrift muss zwischen dem Feuerwehrauto und dem brennenden Haus eine Distanz von 8 m eingehalten werden. Aus welcher maximalen Höhe kann die Feuerwehr damit Personen retten?

DL-1975: Baujahr: 2014
Länge des Leiterparks im ausgefahrenen Zustand: 25 m
Maße des Fahrzeuges: Länge 8 m, Breite 2,5 m, Höhe 2,97 m
Leistung: 223 kW
Hubraum: 6110 cm^3
Leergewicht: 14 320 kg

Bearbeite die Aufgabe entlang der vier im vorigen Kapitel thematisierten Schritte. Beachte dabei, dass schon gewisse Vorgaben gemacht wurden:

Aufgabe verstehen

Zunächst gilt es die Aufgabe überhaupt zu verstehen.

Worte/Sachverhalte (Lies die Aufgabe genau durch, evtl. sogar mehrfach. Verwende ggfs. Markierungsstrategien. Verstehst du alle wichtigen Wörter? Sonst schlage sie nach.):
- „Hubrettungsfahrzeug" bedeutet „Feuerwehrauto"
- „Leiterpark" bedeutet „die gesamte Leiter"
-
-

Skizze (Notiere die gegebenen Informationen in einer anderen Form wie Tabelle, Skizze, Concept-Map,...):
Begründe möglichst ausführlich, welche der beiden folgenden Skizzen I oder II geeigneter sind, um die obige Aufgabe zu lösen.

Skizze I

Skizze II

Begründung:

Trage nun die notwendigen Zahlenangaben aus der Aufgabe in die von dir gewählte Skizze ein.

Fragestellung (Wonach ist gefragt? Formuliere die Frage mit eigenen Worten):

Situation strukturieren

Um die Aufgabe bearbeiten zu können, muss man die komplexe Situation zunächst vereinfachen bzw. gewisse Annahmen treffen:

– Das Feuerwehrauto fährt rückwärts an das brennende Haus heran.

– Die Leiter befindet sich ______________________ in einer Höhe von _____ m.

– Der Feuerwehrkorb an der Leiter ______________________________.

–

–

Mathematik benutzen

Verwendetes mathematisches Modell: ________________

Rechnung:

Ergebnis erklären

Unter den oben angegebenen Annahmen kann die Feuerwehr Personen aus einer Höhe von

ungefähr ______ Metern retten.

Wie verändert sich das Ergebnis, wenn das Feuerwehrauto andersherum an das brennende Haus heranfährt?

Antwort:

Pythagoras-Variationen

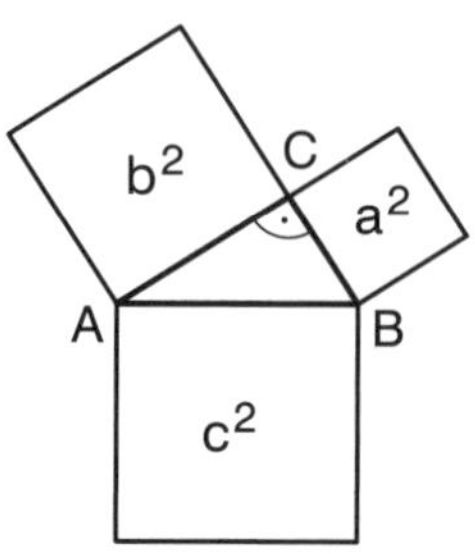

Der Satz des Pythagoras ist ein Satz über Flächenverhältnisse am rechtwinkligen Dreieck. Er besagt, dass in einem rechtwinkligen Dreieck die Summe der Flächeninhalte der Kathetenquadrate gleich groß ist wie der Flächeninhalt des Hypotenusenquadrats. Wenn man von der Gültigkeit dieses Satzes ausgeht, lassen sich noch andere Flächenaussagen treffen, die sich nicht nur auf Quadrate am rechtwinkligen Dreieck beziehen.

Eine Möglichkeit besteht z.B. darin, den Satz mit Kreisen zu formulieren:

Pythagoras Variation 1:
In einem rechtwinkligen Dreieck ist die Summe der Flächeninhalte der Kathetenkreise gleich groß wie der Flächeninhalt des Hypotenusenkreises.

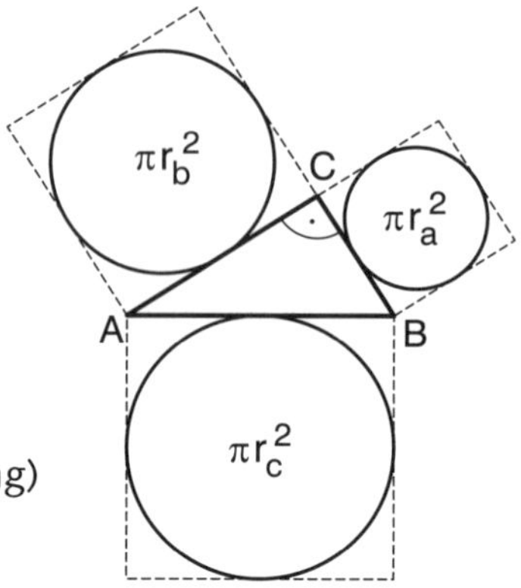

Zu zeigen: $\pi r_a^2 + \pi r_b^2 = \pi r_c^2$

Beweis:

Es gilt: $a^2 + b^2 = c^2$ (Satz des Pythagoras)

$\Leftrightarrow \pi a^2 + \pi b^2 = \pi c^2$ (Äquivalenzumformung)

$\Leftrightarrow \pi\left(2 \cdot \frac{1}{2} \cdot a\right)^2 + \pi\left(2 \cdot \frac{1}{2} \cdot b\right)^2 = \pi\left(2 \cdot \frac{1}{2} \cdot c\right)^2$ (Termumformung)

$\Leftrightarrow \pi\left(\frac{1}{2} \cdot a\right)^2 + \pi\left(\frac{1}{2} \cdot b\right)^2 = \pi\left(\frac{1}{2} \cdot c\right)^2$ (Term- und Äquivalenzumformung der Gleichung)

$\Leftrightarrow \pi r_a^2 + \pi r_b^2 = \pi r_c^2$ $\left(\frac{1}{2} a = r_a / \frac{1}{2} b = r_b / \frac{1}{2} c = r_c\right)$ q.e.d.

a) Begründet mit eigenen Worten, warum diese Pythagorasvariation richtig ist. Ggfs. hilft es euch, wenn ihr nochmals die Flächeninhaltsformel für Quadrat und Kreis betrachtet.

Eine zweite Möglichkeit besteht darin, statt Kreise gleichschenklige (nicht gleichseitige!) Dreiecke zu verwenden.

b) Füllt die Lücken in der folgenden Pythagoras Variation 2. Begründet dabei jeweils kurz die Umformungsschritte.

Pythagoras Variation 2:
In einem rechtwinkligen Dreieck ist die Summe der Flächeninhalte der Kathetendreiecke gleich groß wie der Flächeninhalt des Hypotenusendreiecks.

Zu zeigen: ______________________

Beweis:

Es gilt: $a^2 + b^2 = c^2$ (Satz des Pythagoras)

$\Leftrightarrow$ ______________________

$\Leftrightarrow$ ______________________

$\Leftrightarrow$ ______________________

$\Leftrightarrow$ ______________________

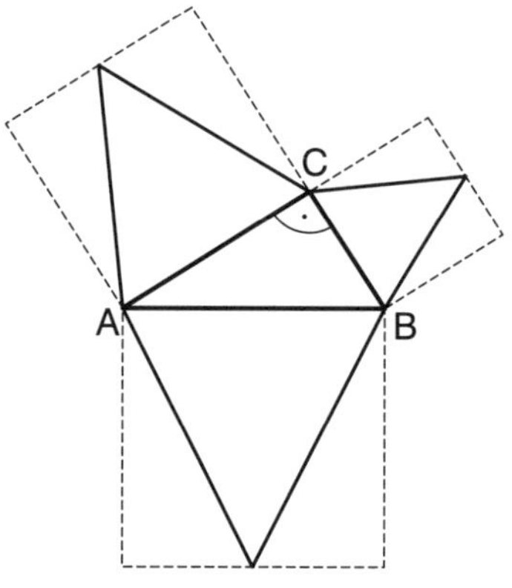

c) Könnt ihr noch eine dritte Pythagorasvariation finden und beweisen?

____

____

____

____

Skizze:

1. Die 19-jährige Jette hat aus ihrem 4-wöchigen Chinaurlaub für ihre Freundin Essstäbchen mitgebracht. Die Stäbchen sind 28 cm lang und im Durchschnitt 0,5 cm dick.
Kann sie solche Stäbchen in einem C6-Briefumschlag (Länge: 22,9 cm und Breite 16,2 cm) verschicken?
Begründe deine Antwort.

2.

Zwischen zwei Pfählen mit einem Abstand von 3,60 m ist waagerecht eine Wäscheleine straff gespannt. Moritz hängt in die Mitte der Leine einen Bügel mit einem nassen Hemd. Durch das Gewicht dehnt sich die Wäscheleine, so dass sie sich an dieser Stelle um 15 cm senkt. Wie lang ist die Leine nun?

3.

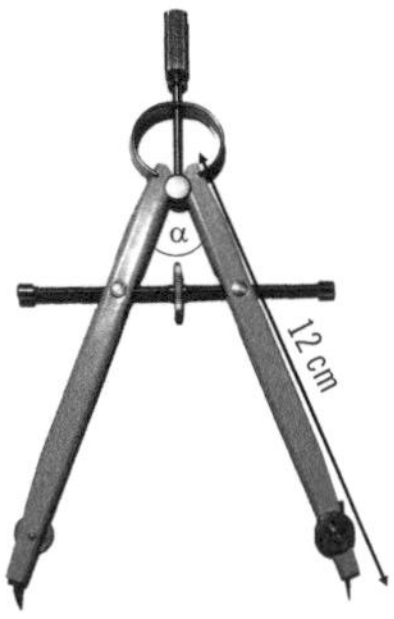

Den abgebildeten Zirkel kann man durch Drehen des Rädchens in der Mitte verstellen. Dabei kann der Winkel α zwischen 0° und 90° groß sein. Welchen Radius hat der größtmögliche Kreis, den man mit diesem Zirkel zeichnen kann?

r = ________________

4. Emil liebt es, mit dem Tischfußballspiel zu spielen. Der 7,5 cm hohe Torwart ist dabei in der Mitte des Tores angebracht und kann an einer Stange nach links oder rechts gedreht werden.
Welche Maße (Breite und Höhe) darf das Tor ungefähr haben, damit der Torwart nur durch Drehen einen genau in das rechte obere Eck geschossenen Ball gerade noch halten kann?

Breite: _________ Höhe: _________

Zwei Gleichungen mit zwei Variablen

1. Stelle jeweils das lineare Gleichungssystem auf. Überprüfe die Richtigkeit deiner Gleichungen, indem du im Koordinatensystem den Geradenschnittpunkt abliest und eine Probe machst.

a) 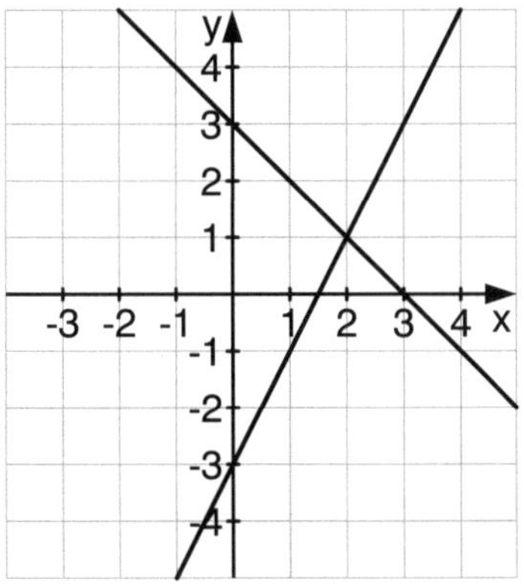

b) 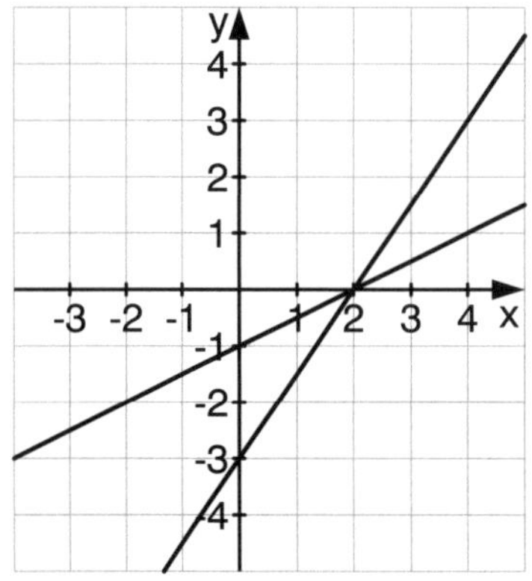

c) 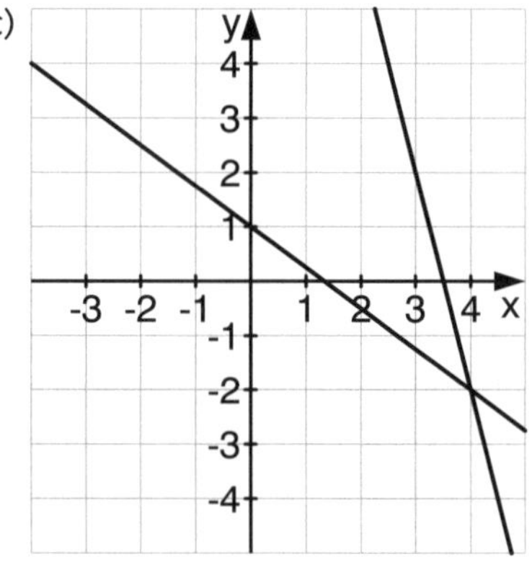

a)
(I) ______________
(II) ______________
Schnittpunkt: (____|____)
Probe: (I) ______________
(II) ______________

b)
(I) ______________
(II) ______________
Schnittpunkt: (____|____)
Probe: (I) ______________
(II) ______________

c)
(I) ______________
(II) ______________
Schnittpunkt: (____|____)
Probe: (I) ______________
(II) ______________

2. Löse jeweils beide Gleichungen nach y auf, zeichne die Graphen der sich ergebenden linearen Funktionen in das Koordinatensystem und lies die Lösung des linearen Gleichungssystems aus deiner Zeichnung ab.

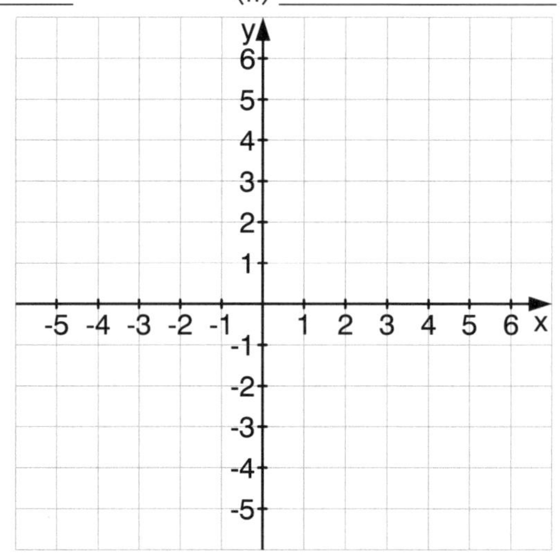

a) (I) $\frac{y}{5} - \frac{3}{5} = \frac{2}{5}x - 1$ (II) $\frac{1}{10}y - \frac{1}{15}x = -\frac{1}{5}$

y = ________ y = ________

Lösung: x = ________ y = ________

b) (I) $-3x - 2y = 4 + 2y$ (II) $-\frac{1}{2}x - \frac{10}{3} = \frac{2}{3}y - 2$

y = ________ y = ________

Lösung: x = ________ y = ________

3. Entscheide ohne Rechnung, ob das lineare Gleichungssystem keine (0), eine (1) oder unendlich viele (∞) Lösungen besitzt. Begründe jeweils deine Antwort.

a) (I) $y = \frac{1}{3}x - 1$ (II) $y = \frac{1}{3}x + 1$

0	1	∞

Begründung: ______________________________

____

b) (I) $y = 2x - 4$ (II) $y = -2x + 4$

0	1	∞

Begründung: ______________________________

____

c) (I) $y = 1{,}5x + 0{,}3$ (II) $2y = 3x + 0{,}6$

0	1	∞

Begründung: ______________________________

____

d) (I) $y = \frac{2}{5}x - \frac{1}{10}$ (II) $y = 0{,}4x - 0{,}1$

0	1	∞

Begründung: ______________________________

____

Konzertkalkulation

Ein Konzertveranstalter kalkuliert die Kosten für ein Livekonzert. Neben den Kosten für die Künstler, die 4000 € plus 40% der Einnahmen aus dem Ticketverkauf verlangen, müssen pauschal 3100 € für Technik, Werbung und Personal einkalkuliert werden.

Ziel soll es sein, insgesamt 2500 € Gewinn zu machen. Dazu verkauft der Veranstalter Eintrittskarten in zwei Sitzplatzkategorien. Erfahrungsgemäß werden bei Kosten von 35 € für die bessere Kategorie I und 25 € für die günstigere Kategorie II alle Karten verkauft.

Wo sollte der Veranstalter die Grenze zwischen den beiden Sitzplatzkategorien ziehen?

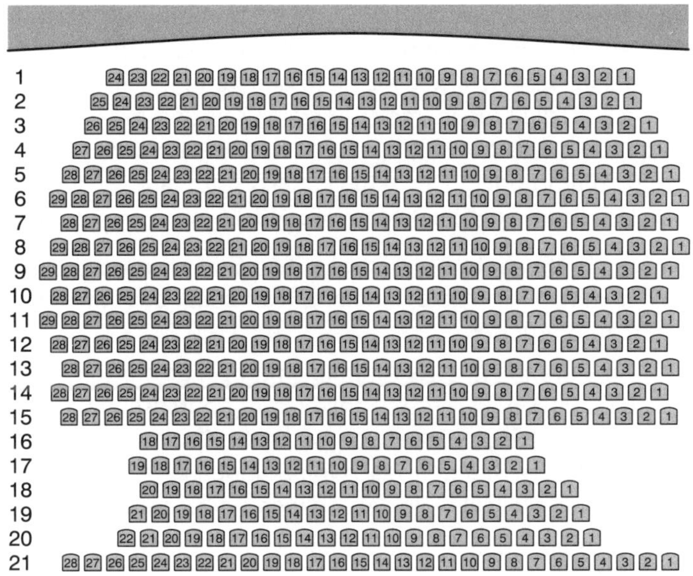

Aufgabe verstehen

Lies die Aufgabe genau durch und erstelle zunächst eine Liste mit Einnahmen und Kosten des Veranstalters. Formuliere anschließend die Fragestellung, aus der hervorgeht, was berechnet werden muss.

Einnahmen:	Kosten:	Fragestellung:
– Karten Kategorie I (35 € pro Stück) –	– –	

Situation strukturieren

Welche Informationen, die für die Beantwortung der Frage wichtig sind, fehlen im Text?

____

Einige fehlende Informationen können dem Saalplan oben entnommen werden, für andere musst du geeignete Annahmen treffen. Fülle dafür den Lückentext aus.

Aus dem Saalplan geht hervor, dass insgesamt ________ Karten verkauft werden können.

Die Besucher sind bereit, für „bessere" Plätze mehr zu bezahlen.
Um die Grenze zwischen den beiden Sitzplatzkategorien zu ziehen, wird angenommen, dass Sitzplätze besser sind, je weiter ___________ und ___________ sie liegen.

Mathematik benutzen

Zur Lösung der Aufgabe muss ein lineares Gleichungssystem gelöst werden. Stelle die beiden dafür benötigten Gleichungen auf und berechne anschließend die Lösung. Bezeichne mit x die verkauften Karten aus Kategorie I und mit y die Karten aus Kategorie II.

(1) Gesamtanzahl der Karten: ______________________________

(2) Gewinn des Veranstalters: ______________________________

Rechnung:

Ergebnis erklären

Markiere im Saalplan oben deine Einteilung des Saals in zwei verschiedene Sitzplatzkategorien (nutze dafür zwei verschiedenen Farben). Erkläre dabei, welche Überlegungen bei deiner Wahl der Grenze zwischen den beiden Kategorien eine Rolle spielten.

In einem Amphibienfahrzeug um die Welt

Vor etwa 500 Jahren fand die erste Weltumrundung statt. Unter dem anfänglichen Kommando von Ferdinand Magellan umrundeten damals fünf Schiffe die Erde in drei Jahren. Seitdem versuchen Menschen, die Erde in immer kürzerer Zeit und mit verschiedensten Hilfsmitteln (z.B. zu Fuß, per Fahrrad, per Auto oder per Raumfahrzeug) zu umrunden. Der aktuelle Rekord für eine Weltumrundung mit dem Schiff liegt bei knapp über 45 Tagen.

Im Jahr 1948 wagte der Australier Ben Carlin ein waghalsiges Abenteuer. Als erstem Mensch gelang es ihm, die Erde in einem Amphibienfahrzeug (Fahrzeug, das sowohl über Land als auch auf der Wasseroberfläche fahren kann) zu umrunden.

1. Angenommen, zwei Amphibienfahrzeuge starten am gleichen Punkt des Äquators, aber in entgegengesetzte Richtungen. Das erste Fahrzeug legt durchschnittlich 80 km pro Stunde zurück, das zweite Fahrzeug fährt mit einer Geschwindigkeit von 60 km/h. Dabei fährt das erste Fahrzeug pro Tag durchschnittlich zehn Stunden, das zweite ist jeden Tag zwölf Stunden in Bewegung. Nach wie vielen Tagen treffen sich die beiden Fahrzeuge und wie viele Kilometer haben sie bis zum Treffen jeweils zurückgelegt?

a) Ermittle den Treffpunkt zunächst grafisch, indem du den Zusammenhang im Koordinatensystem darstellst. (Hinweis: Der Erddurchmesser am Äquator beträgt ungefähr 12 742 km.)

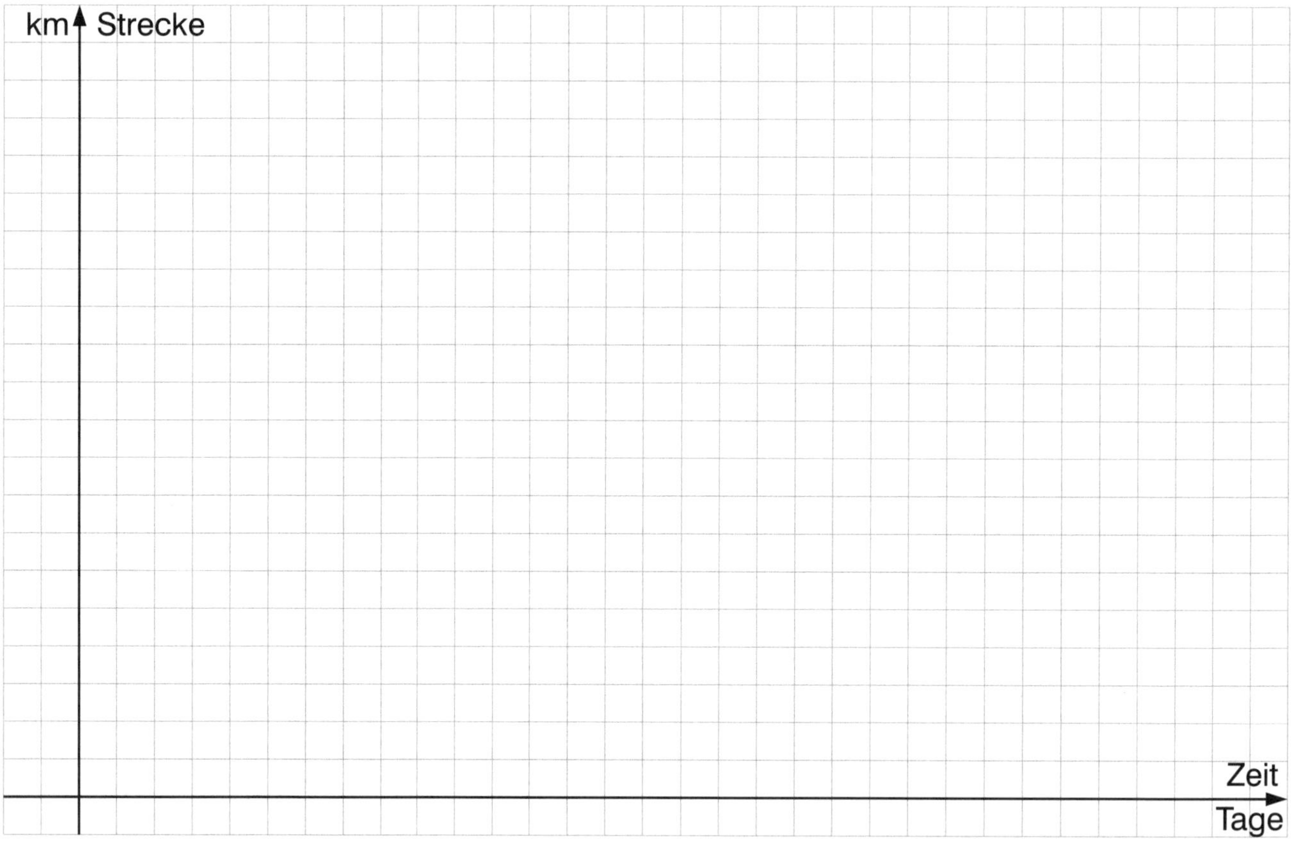

b) Löse die Aufgabe nun rechnerisch. Vergleiche dein Ergebnis mit Aufgabenteil a).

c) Vergleiche die beiden Lösungswege (a: geometrisch, b: rechnerisch). Benenne jeweils Vor- und Nachteile.

___

___

1. Denke dir ein lineares Gleichungssystem mit zwei Variablen aus, das die Lösungen $x = 3$ und $y = -2$ hat und das sich besonders gut lösen lässt mit dem ...

a) ... Gleichsetzungsverfahren: (I) ____________ (II) ____________

b) ... Einsetzungsverfahren: (I) ____________ (II) ____________

c) ... Additionsverfahren: (I) ____________ (II) ____________

2. Folgendes Rätsel stammt vom Mathematiker Leonhard Euler (1707–1783).

Zwei Personen sind 29 Rubel schuldig; nun hat zwar jeder Geld, doch nicht so viel, dass er diese gemeinschaftliche Schuld allein bezahlen könnte; drum sagt der Erste zum anderen: Gibst du mir zwei Drittel deines Geldes, so kann ich die Schuld sogleich allein bezahlen. Der andere antwortet dagegen: Gibst du mir drei Viertel deines Geldes, so kann ich die Schuld allein bezahlen.

Wie viel Geld hat jeder?

(I) ____________ (II) ____________

Antwort: ____________

3. In einem Trapez beträgt die Differenz der beiden parallelen Seiten 8 cm. Die Höhe ist dreimal so lang wie die kürzere der beiden parallelen Seiten. Verkürzt man die beiden parallelen Seiten und die Höhe um je einen Zentimeter, so verringert sich der Flächeninhalt des Trapezes um 15 cm^2.

(I) ____________ (II) ____________

Antwort: ____________

4. Vor drei Jahren war Frau Pütz sechsmal so alt wie ihre Tochter Ines. In einem Jahr ist sie nur noch viermal so alt wie Ines. Wie alt sind die beiden heute?

(I) ____________ (II) ____________

Antwort: ____________

5. Rechts abgebildet siehst du zwei sich schneidende Geraden. Denke dir eine zu den Geraden passende Textaufgabe aus, deren Lösung die Koordinaten des Schnittpunkts sind, und stelle sie deinem Nachbarn.

____

____

____

____

____

____

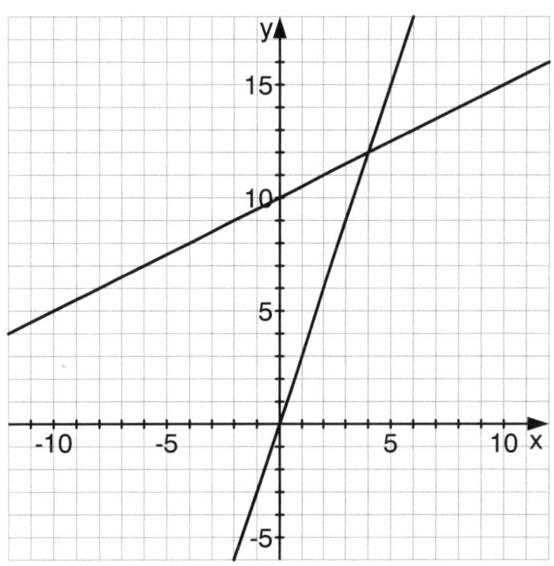

Ähnlichkeit

1. Ergänze.

a) 0,75 km = __________ cm	b) 310 cm² = __________ mm²
c) 0,603 cm² = __________ m²	d) $\frac{1}{4} l$ = __________ mm³
e) 0,00152 m² = __________ cm²	f) 12,7 mm = __________ m
g) $\frac{1}{15}$ km² = __________ dm²	h) 674 320 cm³ = __________ m³

2. Ergänze die Angaben in der Tabelle.

	a) Stadtplan	b) Wanderkarte	c) Weltkarte	d) Bauzeichnung
Maßstab	1 : 30 000	________	1 : 1 000 000	1 : 20
Länge in der Karte	________ cm	3,2 cm	10 cm	________ cm
Länge in Wirklichkeit	1,35 km	1,28 km	________ km	4,80 m

3. Die Karte gibt einen Überblick über vier Rundwanderwege im Vogelsberggebiet in Hessen. Ausgangs- und Endpunkt jeder Tour ist der Parkplatz unterhalb des Taufsteins. Die Zahlen auf der Karte geben die Höhen der Orte über N.N. an.

a) Bestimme den Maßstab der Wanderkarte.

Maßstab: __________

b) Berechne die Luftlinienentfernung vom Ausgangspunkt bis zum Gackerstein.

__________ km

c) Franzi plant eine Wanderung mit Hilfe des abgebildeten Streckenprofils.
- Welchen Rundweg will Franzi nehmen?

  __________________-Weg
- Franzi wandert etwa 4 km pro Stunde. Wann erreicht sie die steilste Stelle dieses Rundwegs, wenn sie um 10:30 Uhr startet? Antwort:

  ____

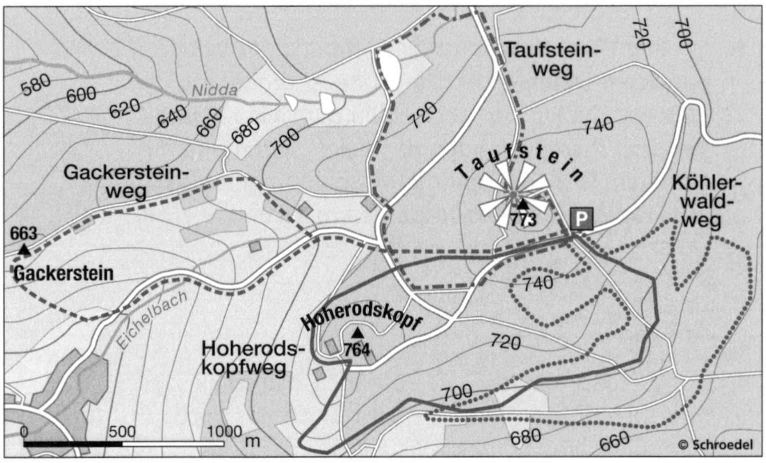

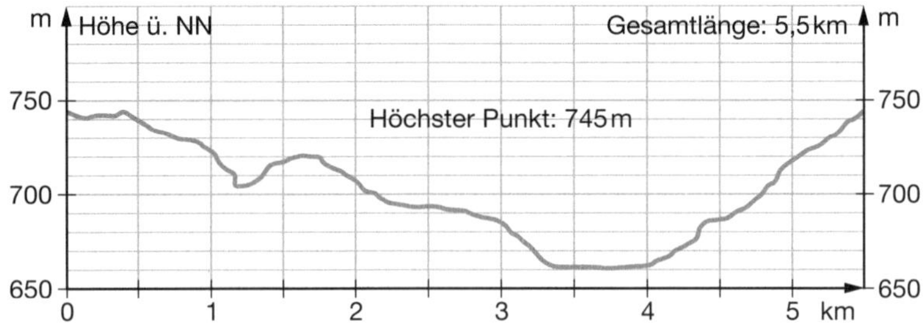

d) Wähle einen weiteren Rundweg aus und skizziere dazu ein mögliches Höhenprofil.

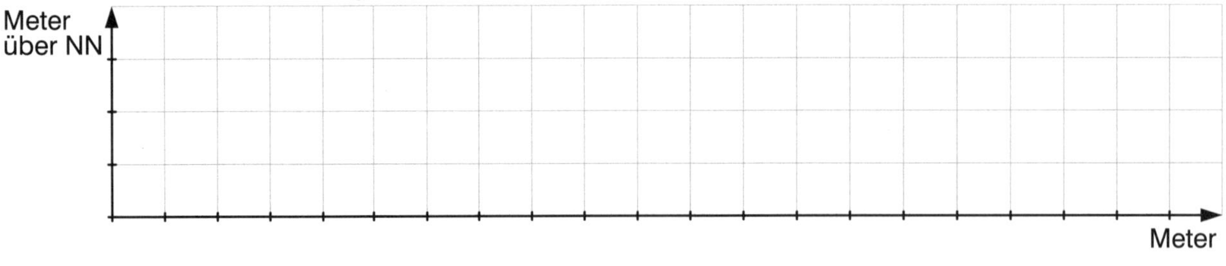

e) Tauscht eure Skizzen aus. Findet heraus, welcher Rundweg dargestellt ist. Begründet eure Entscheidung.

Camera obscura

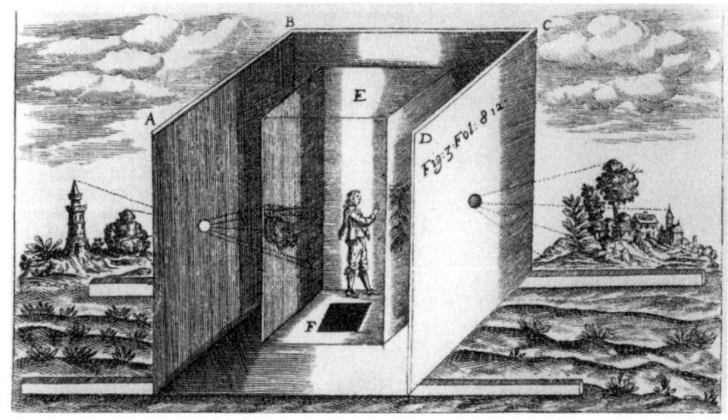

Die Camera obscura (lat. dunkle Kammer) oder Lochkamera ist ein lichtdichter Kasten, der nur mit einer kleinen Öffnung versehen wird. Lichtstrahlen, die von einem Gegenstand ausgehen, werden durch dieses kleine Loch gebündelt und erzeugen auf der gegenüberliegenden Wand ein seitenverkehrtes und auf dem Kopf stehendes Bild des Gegenstands. Strahlen vom oberen Bereich eines Gegenstands fallen auf den unteren Rand der Projektionsfläche, Strahlen vom unteren Bereich auf den oberen.

Die Lochkamera ist der Vorläufer aller Fotoapparate, zunächst aber wurde sie als Mal- und Zeichengerät benutzt. Die Abbildung oben rechts ist dem Buch „Ars magna lucis et umbrae“ (1646) entnommen. Sie zeigt eine auf Balken stehende doppelwandige Lochkamera in der freien Natur. Die innere Kammer besteht aus Papier, auf dem der Maler die kopfstehende Landschaft nachzeichnet.

Welche Abstände muss der Maler verändern, damit sich das Lochkamerabild auf der Leinwand vergrößert?

Aufgabe verstehen

Lies den Aufgabentext genau.
Trage alle wichtigen Informationen in einer anderen Form zusammen.
Bei dieser Aufgabe ist eine Skizze der geschilderten Situation sehr hilfreich.
Ergänze.

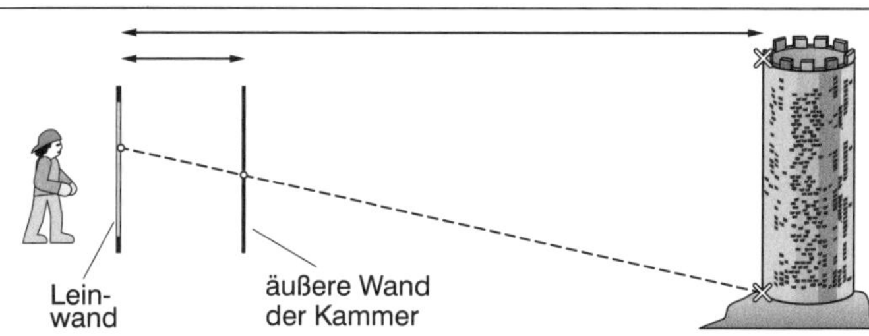

Schließlich solltest du die Fragestellung noch einmal mit eigenen Worten wiederholen. Versetze dich dafür in die Situation des Malers.

___

___

Situation strukturieren

Jetzt geht es darum, wichtige von unwichtigen Informationen zu trennen und zu überlegen, ob noch Informationen fehlen. Welche davon kannst du recherchieren, oder ist es ausreichend, geeignete Annahmen zu treffen? Welche Maße sind jeweils fix, welche Maße sind vom Maler veränderbar?

___

___

Mathematik benutzen

Ergebnis erklären

Ähnlichkeit und Flächeninhalt beim Dreieck

1. Der Flächeninhalt eines Dreiecks ABC lässt sich auf verschiedene Weise berechnen. Ergänze fehlende Bezeichnungen und Strecken in den Zeichnungen und stelle die jeweils passende Formel zur Berechnung des Flächeninhalts auf.

a)	b)	c)
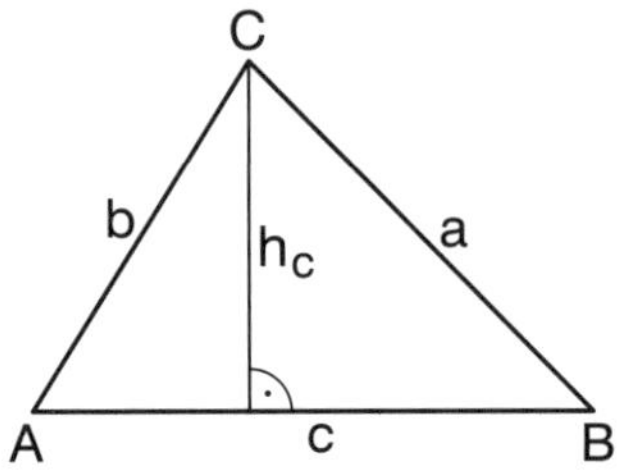	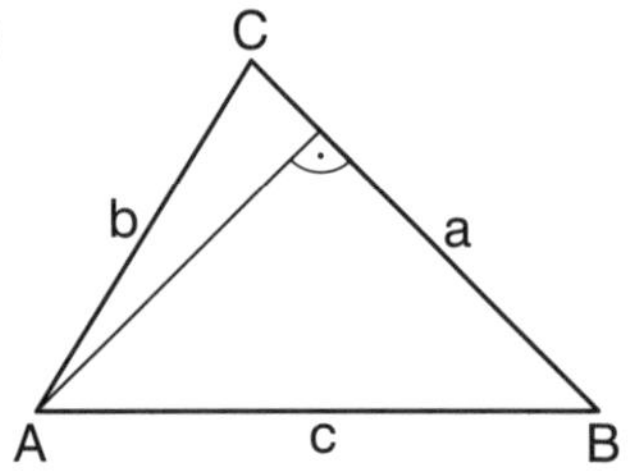	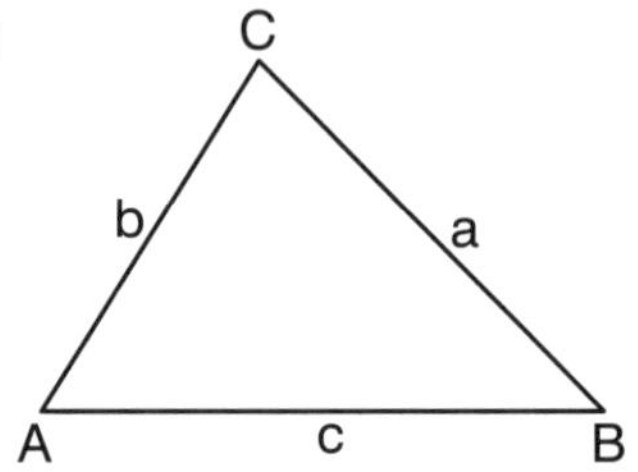
$A_{\Delta ABC}$ = ______	$A_{\Delta ABC}$ = ______	$A_{\Delta ABC}$ = ______

2. Welche Gleichheit kann aus den Berechnungen in Aufgabe 1 gefolgert werden? Ergänze.

$c \cdot h_c =$ __________ = __________

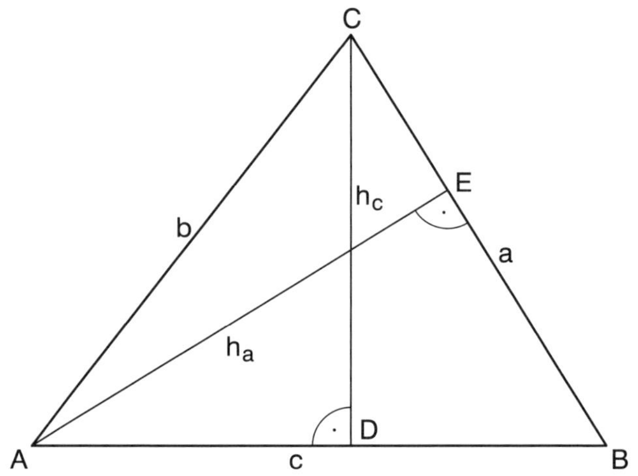

3. Warum erhält man stets denselben Wert unabhängig davon, welche der drei Seiten man als Grundseite wählt?

a) In der nebenstehenden Abbildung zerlegen die Höhen $h_a = \overline{AE}$ und $h_c = \overline{CD}$ das Ausgangsdreieck ABC in Teildreiecke.
Zeichne die Seiten der Teildreiecke ABE und BCD mit einem Farbstift nach.

b) Begründe, warum folgende Gleichung gilt: $\frac{a}{h_c} = \frac{c}{h_a}$

____

____

____

c) Kannst du nun nachweisen, dass die Gleichung in Aufgabe 2 gilt?

____

____

____

____

4. Überprüfe, ob der von dir nachgewiesene Zusammenhang auch für stumpfwinklige Dreiecke gilt.
Wähle dazu ein stumpfwinkliges Dreieck aus und untersuche die verschiedenen Möglichkeiten in deinem Heft.

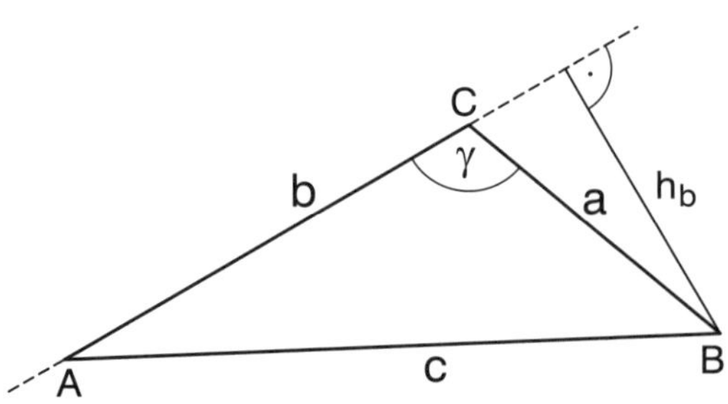

1. Am Wegesrand eines Wanderwegs in der Nähe von Schmallenberg im Sauerland stehen Skulpturen von bekannten Künstlern. Eine davon ist auf dem rechts stehenden Bild abgebildet. Das Kunstwerk stammt von Timm Ulrichs und heißt „Blinker II – ein Lichtspieltheater".

a) Jeder einzelne der beweglich eingehängten Edelstahl-Spiegel besitzt die Maße 50 cm × 83 cm. Bestimme den Maßstab des Fotos.

Maßstab ________________

b) Wie groß ist die gesamte Spiegelfläche in Wirklichkeit?

____

c) Untersuche, wie viele verschiedene Maße ähnlicher Rechtecke auf der Spiegelfläche der Skulptur zu finden sind.

Antwort: ____

2. Wahr oder falsch? Begründe.

(A) Zwei Vierecke, bei denen einander entsprechende Winkel gleich groß sind, sind ähnlich.
(B) Zwei Dreiecke sind ähnlich, wenn sie in zwei Winkeln übereinstimmen.
(C) Zwei beliebige Kreise sind stets ähnlich zueinander.
(D) Alle rechtwinkligen Dreiecke sind ähnlich.

Behauptung (A) ist ________, weil ____

____

Behauptung (B) ____

____

Behauptung (C) ____

____

Behauptung (D) ____

____

3. Bestimme die Länge folgender Teilstrecken.

$\overline{AF}$ = ________; $\overline{AG}$ = ________; $\overline{BC}$ = ________;

$\overline{BG}$ = ________; $\overline{AH}$ = ________; $\overline{HI}$ = ________

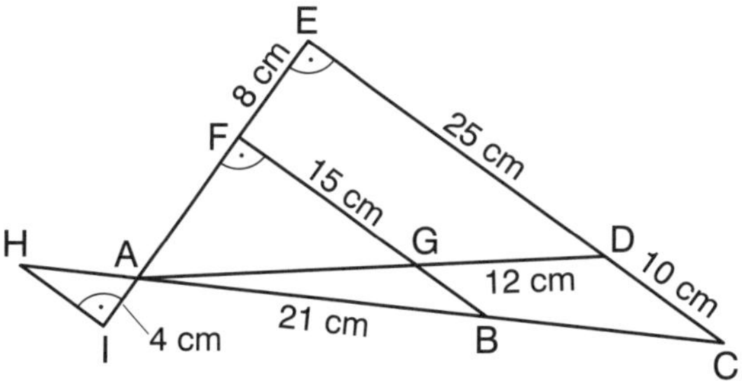

4. Im Parallelogramm ABCD entstehen durch die Höhen $h_a = \overline{DE}$ und $h_b = \overline{DF}$ zwei Teildreiecke AED und CDF. Außerdem soll gelten: $\overline{AB} = 2 \cdot \overline{BC}$. Weise nach, dass dann auch gilt: $\overline{FC} = 2 \cdot \overline{AE}$.

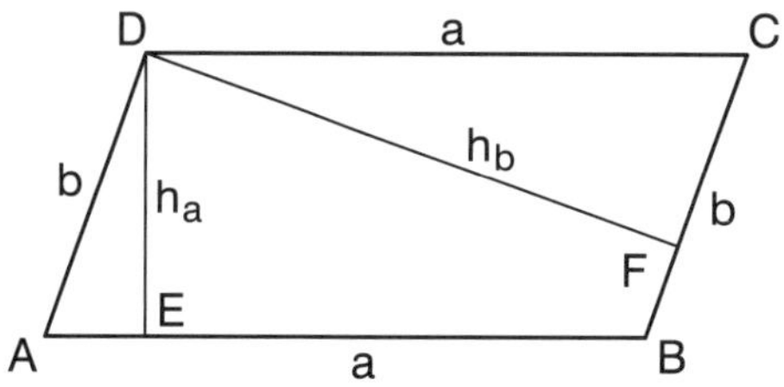

1. Schreibe in jede Spalte den gleichen Anteil in der angegebenen Schreibweise. Rechne im Kopf.

Prozentsatz						5 %	20 %	
Dezimalbruch		0,75			0,04			0,15
Hundertstel-Bruch	$\frac{50}{100}$							
Gekürzter Bruch			$\frac{3}{5}$	$\frac{1}{4}$				

2. Bestimme durch Kopfrechnen.

a) 15 % von 200 € sind ________ b) 25 % sind 82,5 *l* von ________

c) 75 € sind 5 % von ________ d) 5 % von 125 *l* sind ________

e) 20 % von 360 kg sind ________ f) 20 % sind 56 m von ________

g) 72 *l* sind 36 % von ________ h) 60 % von 150 m sind ________

i) 12,5 % sind 4,20 € von ________ j) 144 t sind 12 % von ________

3. Marie und Simin bearbeiten die Aufgabe „150 € sind 30 % von ________". Beschreibe ihre Lösungswege.

Marie: *50 € sind 10 % von 500 €, also* *150 € sind 30 % von 500 €.*	________ ________ ________ ________
Simin: $\cdot 5$ $\frac{30}{100} = \frac{150\,€}{\_\_\,€}$	________ ________ ________ ________

4. Berechne zwei der nachfolgenden Aufgaben wie Simin, zwei wie Marie.

a) 480 kg sind 60 % von ________ b) 20 *l* sind 5 % von ________

c) 640 m sind 40 % von ________ d) 3 t sind 2 % von ________

5. Welcher Anteil ist grau? Schreib den Bruch und den Prozentsatz dazu auf.

	a)	b)	c)	d)
das „Ganze" und ein Teil (grau)		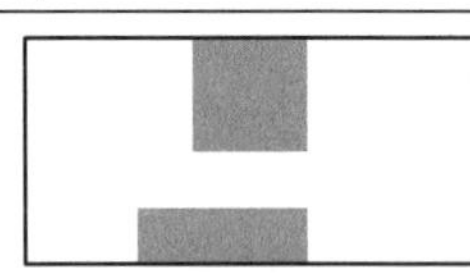	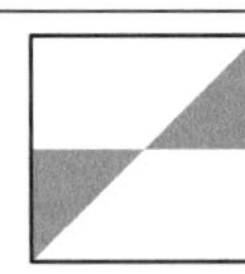	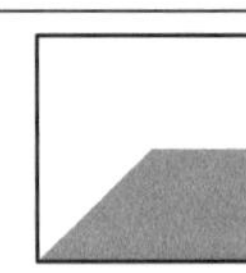
gekürzter Bruch				
Prozentsatz				

6. Ein Anfangswert nimmt um den angegebenen Prozentsatz zu. Ergänze.

	a)	b)	c)	d)
Anfangswert	2500 €	________	15,50 €	44,80 €
Zuwachs in % um Betrag	5 % ________	40 % 5200 €	________ ________	________ 11,20 €
Endwert	________	________	18,60 €	________

Preiskalkulation

Ein Existenzgründerportal bietet auf seiner Website folgendes Schema zur Preiskalkulation an.

Kalkulieren Sie, zu welchem Preis Sie Ihre Waren weiter verkaufen müssen.			
	Beispiel	a)	b)
Listenpreis des Herstellers (für ein Produkt)	78,75 €		
– Rabatt (20 %) beim Einkauf	15,75 €		
= Zieleinkaufspreis	63,00 €		
– Skonto (2 % beim Einkauf)	1,26 €		
= Einkaufspreis des Händlers	61,74 €		
+ Bezugskosten (ca. 10 % für Versand, Lieferung etc.)	6,17 €		
= Bezugspreis	67,91 €		
+ Handlungskosten (35 %, z.B. für Einkaufen, Verpacken, Verwaltung etc.)	23,77 €		
= Selbstkosten	91,68 €		
+ Gewinn-/Kalkulationsaufschlag (10 %)	9,17 €		
= Verkaufspreis netto	100,85 €		
+ Umsatzsteuer 19 %	19,16 €		
= Verkaufspreis brutto	120,01 €		

a) Kalkuliere mit Hilfe des abgebildeten Schemas den Verkaufspreis für ein Produkt mit dem Listenpreis des Herstellers von 435,00 €.

b) Nach dem Schema wurde ein Verkaufspreis von 18,00 € ermittelt. Wie hoch war der Listenpreis ungefähr?

c) Im Rahmen einer Werbewoche senkt ein Händler den Verkaufspreis für einen Tablet-PC von 120 € auf 110 €. Bestimme den Preisnachlass in Prozent.

____

Erzielt der Händler durch den Verkauf des Tablets einen Gewinn oder einen Verlust? Wie hoch ist dieser in Prozent?

Antwort:

____

____

d) In der Vergangenheit wurden pro Woche durchschnittlich 28 dieses Tablet-PCs verkauft. Der Händler setzt darauf, dass durch die Preissenkung die Verkaufszahlen zumindest so ansteigen, dass der Umsatz (Produkt aus Anzahl verkaufter Tablets und Ladenpreis) und sein Gewinn gleich bleiben.

Argumentiere, ob beide Zielsetzungen durch denselben prozentualen Anstieg der Verkaufszahlen erreicht werden.

Antwort:

____

____

____

____

____

____

Niederschlagswassergebühr

Aufgrund einer Gesetzesänderung im Jahr 2010 informierten viele Städte ihre Einwohner über die zukünftige Berechnung der Abwassergebühren.

„Unsere Stadt erhebt die Entwässerungsgebühren derzeit als so genannte Einheitsgebühr auf der Grundlage des Frischwasserverbrauchs. Bei diesem Gebührenmaßstab wird davon ausgegangen, dass bei allen Grundstücken die bezogene Frischwassermenge ungefähr im gleichen Verhältnis zu der auf dem Grundstück anfallenden Abwassermenge steht. In der Kalkulation für die Einheitsgebühr von derzeit 2,91 €/m³ sind zwar neben den Kosten für die Schmutzwasserbeseitigung auch die Kosten für die Beseitigung von Regenwasser mit enthalten, die Höhe der Gebühr richtet sich aber ausschließlich nach dem Frischwasserverbrauch (in privaten Haushalten aktuell etwa 49 m³ pro Person im Jahr). Die Größe und Beschaffenheit der Grundstücke blieben bei der Gebührenkalkulation unberücksichtigt.

Zukünftig wird es eine Aufteilung der bisherigen Abwassergebühr in eine Schmutzwasser- und eine Niederschlagswassergebühr geben.

- Die Schmutzwassergebühr berechnet sich wie bisher nach dem Frischwasserverbrauch in €/m³, allerdings verringert um die Kostenanteile für die Niederschlagswasserbeseitigung. Sie beträgt neu 2,31 €/m³.
- Für die Niederschlagswassergebühr in Höhe von 0,76 €/m² und Jahr werden nur die versiegelten Flächen herangezogen, von denen Regenwasser direkt oder indirekt in die öffentliche Kanalisation abgeleitet wird.

Eine Umstellung auf die gesplittete Abwassergebühr muss nur für Grundstücke mit einer reduzierten, versiegelten und an die Kanalisation angeschlossenen Fläche größer/gleich 1.000 m² erfolgen. Alle anderen Grundstücke werden (wie bisher) nach dem Frischwasserbezug abgerechnet. Es besteht darüber hinaus die Möglichkeit, eine freiwillige Veranlagung zu beantragen."

Versiegelungsart	**Faktor**
Dächer	
Standarddach (flach oder geneigt)	1,0
Gründach mit geringer Begrünung, ab einer Schichtstärke von 8 cm	0,5
Grünüberdeckungen mit intensiver Begrünung ab einer Schichtstärke von 30 cm	0,0
befestigte Flächen	
Asphalt, Beton, Pflaster mit Fugenverguss	1,0
Pflaster, Platten, Verbundsteine	0,8
Rasengitterstein-, Ökopflaster, Schotterrasen	0,3

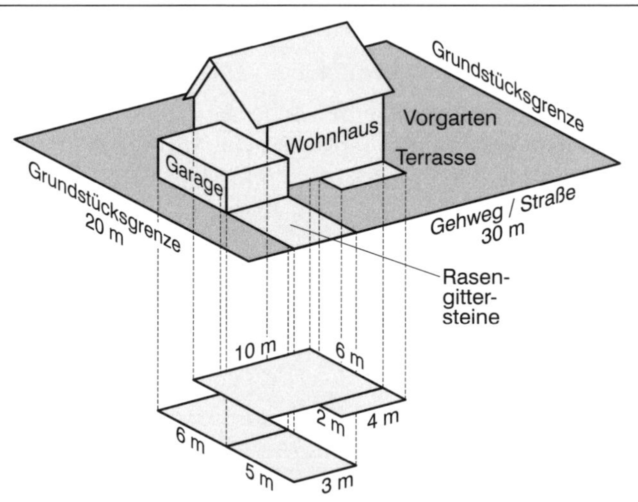

Beispiele:
- Eine Fläche von 100 m² ist asphaltiert. Sie gilt als zu 100 % (1,0) versiegelt. 100 m² sind gebührenrelevant.
- Auf gleicher Fläche ist Pflaster verlegt. Durch die Fugen kann ein Teil des Niederschlages versickern, bei
- Pflaster wird daher von einer Versiegelung von 80 % (0,8) ausgegangen. Gebührenrelevant werden 80 m².

Wie wirkt sich die Gebührenumstellung bei Einfamilienhäusern, bei Mehrfamilienhäusern und für Industriebauten aus?

Aufgabe verstehen

Lies den Text gründlich durch und unterstreiche alle wichtigen Informationen.
Stelle die Berechnungsweise der Niederschlagsgebühr vor und nach der Gesetzesänderung in einer übersichtlichen Form einander gegenüber.

Vor der Gesetzesänderung:	Nach der Gesetzesänderung:
einheitlich nach Frischwasserverbrauch	getrennt nach ______
______	und Niederschlagswasser in Abhängigkeit von der Grundstücksgröße sowie Größe
	und Art der ______

Formuliere abschließend die Fragestellung nochmals mit eigenen Worten.

______

______

Situation strukturieren

Bei fehlenden, ungenauen oder überflüssigen Angaben muss man entweder recherchieren, gewisse Annahmen treffen oder Informationen ignorieren.
Um die Auswirkungen der Gebührenumstellung für die verschiedenen Gebäudearten vergleichen zu können, kann man z.B. von gleichen Grundstücksgrößen ausgehen. Fehlende Angaben schätzt man mit sinnvollen Werten ab.

	Einfamilienhaus	Mehrfamilienhaus	Industrieanlage
Grundstücksgröße:	800 m²	800 m²	800 m²
Versiegelte Fläche:			
– Dach	______	______	______
– befestigte Fläche	______	______	______
Frischwasserverbrauch	______	______	______

Mathematik benutzen

Ergebnis erklären

1. Im Jugendgästehaus gibt es 4-Bett-Zimmer und 6-Bett-Zimmer. Insgesamt sind es 37 Zimmer mit zusammen 178 Betten. Im vergangenen Jahr wurden etwa 50 000 Übernachtungen gebucht.

a) Das Jugendgästehaus ist an 365 Tagen im Jahr geöffnet. Zu wie viel Prozent war das Jugendgästehaus im vergangenen Jahr ausgebucht?

b) Das Jugendgästehaus möchte die Zahl der Übernachtungen in den nächsten 5 Jahren jährlich um 2 Prozent steigern. Wie viele Übernachtungen müssten dann im 5. Jahr gebucht werden?

c) Das Jugendgästehaus empfängt Gäste aus aller Welt. Erfahrungsgemäß kommen drei Fünftel der Gäste aus Deutschland. 56 % dieser (deutschen) Gäste sind jünger als 20 Jahre. Von den ausländischen Besuchern sind 78 % mindestens 20 Jahre alt.
- Stelle diesen Sachverhalt in einem Baumdiagramm dar.
- Im letzten Jahr zählte das Jugendgästehaus 10 000 Gäste. Schätze ab, wie viele von ihnen aus dem Ausland kamen und wie viele davon jünger als 20 Jahre waren.

2. Seit Beginn des Jahres überweist Familie Ludwig jeweils am 15. eines Monats 250 € von ihrem Girokonto auf ein Tagesgeldkonto bei einer Internetbank. Dies sichert Zinsen, denn statt 0 % auf dem Girokonto bietet die Internetbank einen Zinssatz von 1,3 % bei vierteljährlicher Zinsgutschrift. Dabei erfolgt die Zinsberechnung tagesgenau, d.h., die Verzinsung für das angelegte Kapital wird exakt für die Anzahl der Tage berechnet, die das Geld auf dem Konto liegt.

Im Mai geht der Betrag 5 Tage später auf dem Tagesgeldkonto ein. Wie hoch ist der dadurch entstandene Zinsverlust am Jahresende?

Antwort:

3. Marie probiert für ihre Sommerparty das abgebildete Cocktailrezept aus. Sie nimmt dazu Mandarinensirup mit 15 % Fruchtanteil, Kirschnektar mit 45 % Fruchtanteil und Birnennektar mit 50 % Fruchtanteil.

Welchen Fruchtanteil hat der gemixte Cocktail?

- 20 ml Mandarinensirup
- 80 ml Kirschnektar
- 80 ml Birnennektar

Alle Zutaten im Shaker kräftig durchmixen. In ein mit Eiswürfel befülltes Glas geben.

Tipp: Den Glasrand mit frischen und leckeren Früchten garnieren

Antwort:

1. a) Vervollständige das Netz des Zylinders.

b) Berechne die gesuchten Werte.

Radius: ________________

Mantelfläche: ________________

Oberfläche: ________________

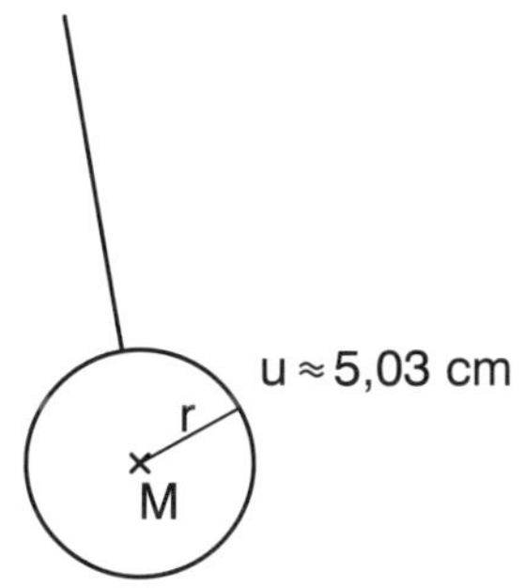

2. Stell dir einen Zylinder mit folgenden Maßen vor:
$r = 2$ cm und $h = 10$ cm.
Ist die Oberfläche dieses Zylinders kleiner oder größer als die Oberfläche eines Quaders mit den Kantenlängen $a = b = 4$ cm und $c = 10$ cm?
Hierfür musst du die Oberflächeninhalte nicht berechnen.

Antwort:

____

____

3. a) Ergänze die Formeln in dem abgebildeten Steckbrief für Berechnungen am Zylinder.

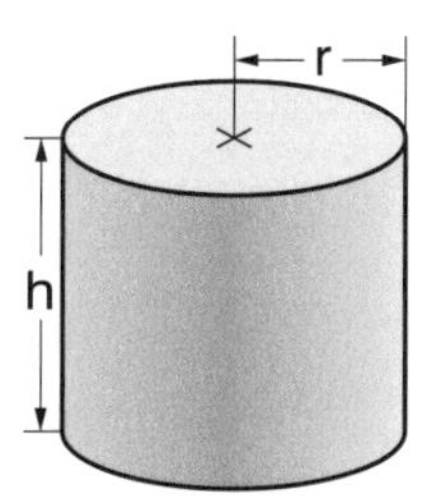

Umfang u: ________________

Grundfläche G: ________________

Mantelfläche M: ________________

Oberfläche O: ________________

Volumen V: ________________

b) Berechne die gesuchten Maße des Zylinders. Runde auf zwei Nachkommastellen.

	(1)	(2)	(3)	(4)
Radius	5 cm			
Höhe	4,2 cm	20 cm	12 cm	
Umfang				
Grundfläche		314,16 cm²		28,27 cm²
Mantelfläche				
Oberfläche				
Volumen			603,17 cm³	141,37 cm³

4. Ergänze die Abbildung so, dass alle erforderlichen Maße entnommen werden können, um das Volumen des Zylinders zu berechnen.

a) Schrägbild

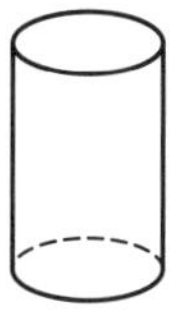

b) Netz

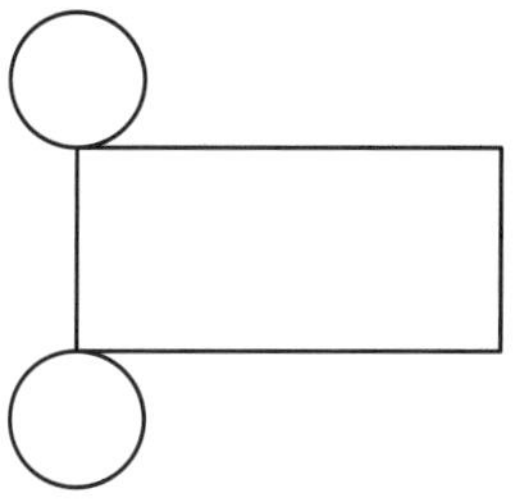

c) Reichen deine Angaben bei a) und b) aus, um auch den Oberflächeninhalt des Körpers zu bestimmen? Begründe deine Antwort.
Antwort:

____

____

Kräuterbeet

Da die Holzwände des alten Hochbeets im Garten marode geworden sind, ist das alte 2 m lange und 1 m breite quaderförmige Hochbeet durch ein massiv gemauertes kreisrundes Kräuterbeet ersetzt worden, dessen Pflanzfläche in etwa der des alten rechteckigen Hochbeets entspricht.

Wie viele Backsteine mussten ungefähr für den Bau des neuen Kräuterbeets gekauft werden?

Folge bei der Bearbeitung dieser Modellierungsaufgabe den vier typischen Arbeitsschritten.

Aufgabe verstehen	
Situation strukturieren	
Mathematik benutzen	
Ergebnis erklären	

Vogelkäfig

Das sollten Sie vor dem Kauf beachten:
Die Größe des Vogelkäfigs ist ausschlaggebend für das Wohlergehen der Vögel. Hier gilt die Devise: je größer, desto besser. Ein richtiges Vogelhaus oder eine Voliere bieten sich am besten an. Falls Sie eine eher platzsparende Variante benötigen, dann achten Sie darauf, dass Ihre Vögel die Flügel ausbreiten und sich auch auf den verschiedenen Ästen und Sitzstangen im Käfig bewegen können, ohne gleich anzustoßen. Ein Käfig für ein Wellensittich-Vogelpaar sollte daher in keinem Fall schmaler als 80 cm sein und mindestens 45 cm Tiefe besitzen. Und damit der Bereich um den Vogelkäfig herum halbwegs sauber bleibt, sollte der untere Teil des Käfigs durch einen ca. 15 cm hohen Rand verdeckt sein. So werden Vogelsand und Futterreste nicht aus dem Käfig gewirbelt.

Welcher Käfig bietet einem Vogel die größte Bewegungsfreiheit?
Erstellt zu jedem Käfig ein Gutachten mit möglichst genauer Berechnung des Volumens.

(1)	(2)	(3)
		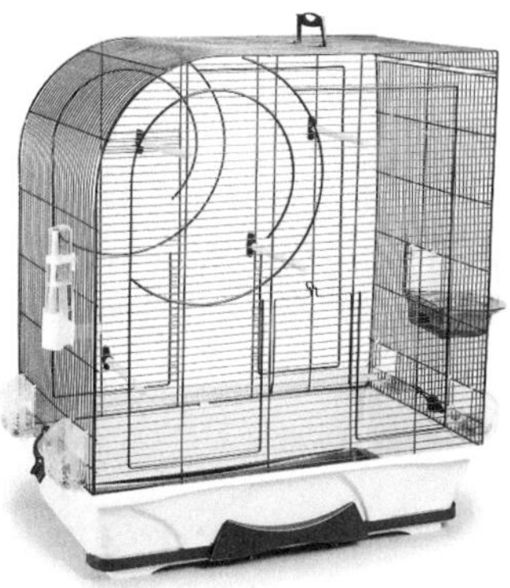
Maße (B × T × H): ca. 90 × 57 × 92 cm Höhe des Rands: 15 cm	Maße (B × T × H): ca. 93 × 46 × 96 cm Höhe des Rands: 16 cm	Maße (B × T × H): ca. 94 × 50 × 75 cm Höhe des Rands : 15 cm

Wir empfehlen Käfig ____, weil ______________________________

____

____

1. a) Überlege vor der Berechnung, welche der abgebildeten Figuren denselben Umfang besitzen. Zeichne dazu gleich lange Linien mit derselben Farbe nach.

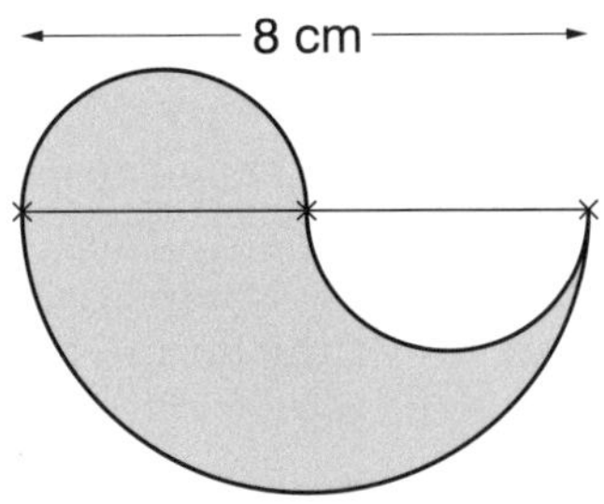 Figur 1	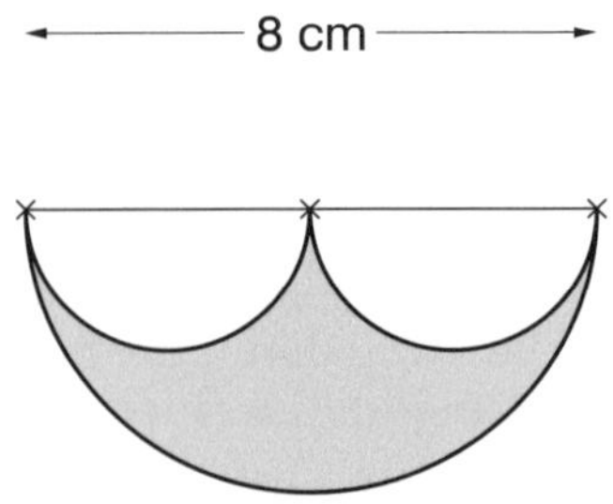 Figur 2	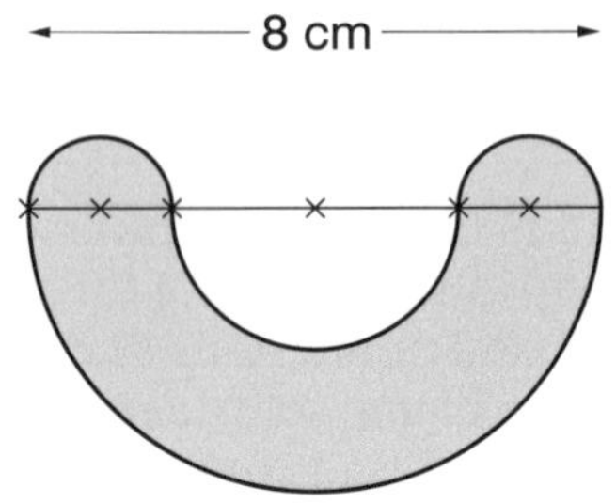 Figur 3
u = ______ A = ______	u = ______ A = ______	u = ______ A = ______

b) Konstruiere mit Zirkel und Lineal eine Figur, die den gleichen Flächeninhalt besitzt wie Figur 1 (Figur 2, Figur 3).

2. Die Mittelpunkte der drei Kreissektoren sind die Eckpunkte des gleichseitigen Dreiecks. Bestimme den Flächeninhalt der weißen Teilfläche.

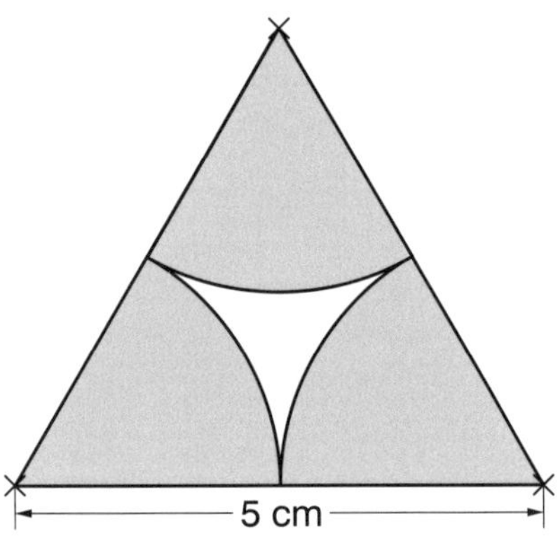

3. Aus einem massiven Würfel aus Buchenholz (Dichte $\rho = 0{,}7\frac{g}{cm^3}$) wird ein Spielwürfel hergestellt. Dazu werden für die Augenzahlen zylinderförmigen Vertiefungen ausgefräst (r = 5 mm, h = 3 mm). Bestimme die Masse des Spielwürfels.

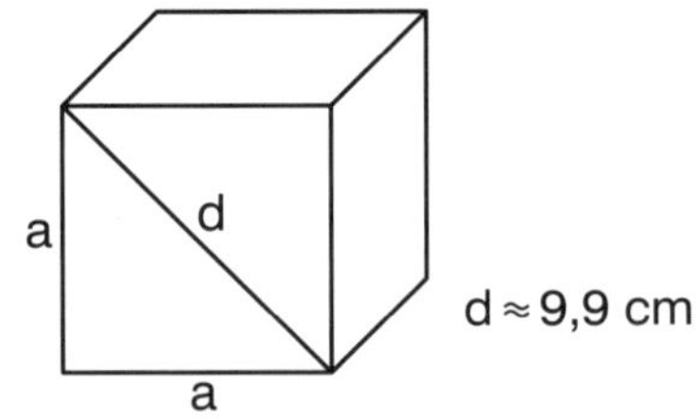

Der Spielwürfel wiegt ungefähr ______________.

1. Dein Radiergummi soll als Zufallsgenerator verwendet werden. Welche Ergebnisse können dabei auftreten? Schätze die Wahrscheinlichkeiten der Ergebnisse. Wirf nun deinen Radiergummi 100-mal. Bestimme dabei die relativen Häufigkeiten für die unterschiedlichen Ergebnisse und vergleiche dies mit deiner Schätzung.

2. Timo, Katja, Felix und Leo verwenden Gummibärchen zum Werfen und zählen dabei, wie oft diese auf Bauch, Rücken, Seite (links oder rechts), Kopf und Füße fallen.

	Timo	Timo	Katja	Katja	Felix	Felix	Leo	Leo	Summe	Summe
	absolute Häufigkeit	relative Häufigkeit	absolute Häufigkeit	relative Häufigkeit	absolute Häufigkeit	relative Häufigkeit	absolute Häufigkeit	relative Häufigkeit	relative Häufigkeit	absolute Häufigkeit
Bauch	11		29		37		46			
Rücken	13		26		37		56			
Seite	33		61		107		120			
Kopf	0		1		0		0			
Füße	5		15		19		26			

a) Berechne jeweils die relative Häufigkeit der Ereignisse Bauch, Rücken, Seite, Kopf und Füße für die einzelnen Personen und für alle zusammen.

b) Schätze aufgrund der relativen Häufigkeiten die ungefähren Wahrscheinlichkeiten für Bauch, Rücken, Seite, Kopf und Füße. Gib die Wahrscheinlichkeiten in Prozent an und runde auf ganze Zahlen.

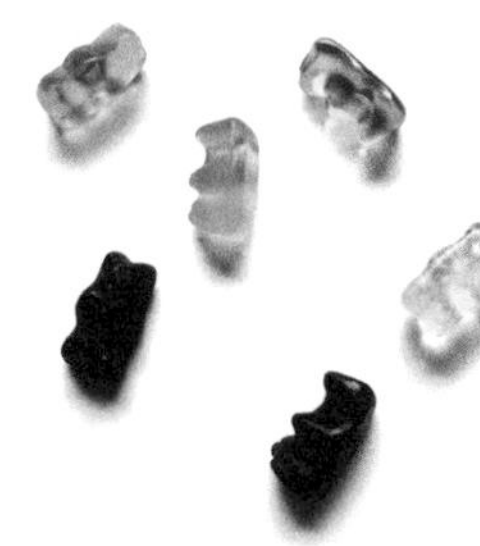

c) Bei welchem Ereignis ist die Schätzung der Wahrscheinlichkeit nur sehr ungenau? Begründe deine Antwort.

d) Leo bietet Katja eine Wette an: „Ich werfe das Gummibärchen. Wenn es auf den Bauch fällt bekommst du von mir 5 Euro, ansonsten bekomme ich von dir 1 Euro." Katja entgegnet: „Dann bekomme ich wahrscheinlich mehr Geld als du!" Was meinst du?

Antwort:

3. Emil hat aus dem rechts abgebildeten Netz einen besonderen „Würfel" gebastelt und die Flächen mit Zahlen beklebt. Danach hat er mit seinen Freunden 423-mal gewürfelt.

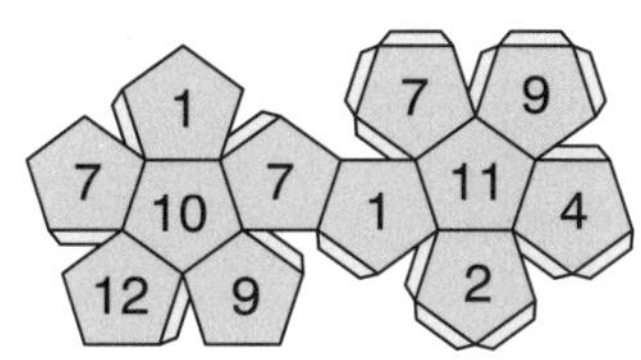

	1	2	3	4	5	6	7	8	9	10	11	12
Anzahl												

a) Trage in die Tabelle – unter Berücksichtigung der Häufigkeiten der Zahlen auf dem „Würfel" – eine mögliche Verteilung der 423 Würfe ein und begründe diese.

b) Beschrifte Emils „Würfel" so, dass bei 150 Würfen die folgende Verteilung möglichst wahrscheinlich ist:

	1	2	3	4
Anzahl	37	38	39	36

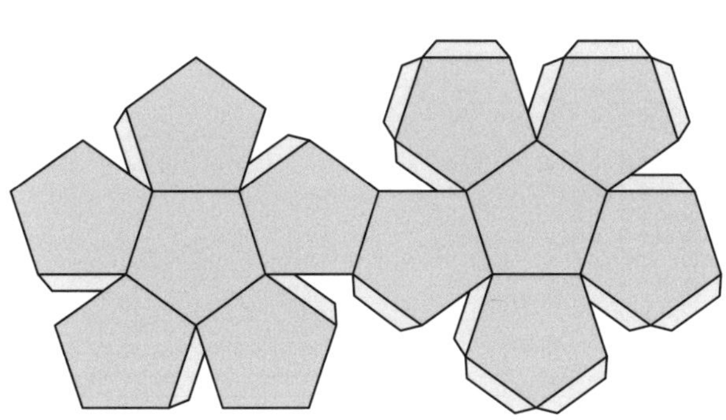

Nicht ganz Drillinge

Süddeutsche.de
10. Mai 2010 22:45 Immer am 29. Januar

Drei Kinder, ein Geburtstag

Sehr seltene Serie: In Großbritannien kamen drei Geschwister im Abstand mehrerer Jahre am jeweils selben Kalendertag zur Welt.

Der Geburtstagskalender einer britischen Familie gehört seit kurzem zu den nennenswerten Merkwürdigkeiten des Inselkönigreichs: Alle drei Kinder von Martin und Kim MacKriell aus der südwestenglischen Ortschaft Tuffley kamen im Abstand mehrerer Jahre am jeweils selben Kalendertag zur Welt.

Wie die Zeitung *Gloucester Citizen* berichtete, wurde der jüngste MacKriell-Nachwuchs am 29. Januar geboren: Das Mädchen namens Ruby wird künftig ihre Geburtstage gemeinsam mit Bruder Robin und Schwester Rebecca feiern, die beide ebenfalls am 29. Januar zur Welt kamen – im Jahre 1994 und 1996.

Die Presse berichtete auf der ganzen Welt über dieses ungewöhnliche Ereignis in England. Wie groß ist die Wahrscheinlichkeit dafür, dass keine solche Geburtstags-Dreifachgeburt bei einer der ca. 1 100 000 Familien in Deutschland mit drei Kindern auftritt?

Bearbeitet diese Modellierungsaufgabe entlang der vier thematisierten Abschnitte. Diesmal müsst ihr selbst die Aufgabenstellung verstehen, geeignete Strukturierungen vornehmen, die passende Mathematik finden und eine Antwort begründet darlegen.

Aufgabe verstehen	
Situation strukturieren	
Mathematik benutzen	
Ergebnis erklären	

Sammelbilder

Seit über 150 Jahren gibt es sogenannte Sammelbilder. Lagen diese zu Beginn noch anderen Produkten wie Schokoladentafeln oder auch Waschmittelkartons bei, so muss man heute dafür extra Tütchen kaufen und eine nicht unbeträchtliche Menge an Geld ausgeben – auch weil man viele Tütchen kaufen muss, bis man alle verschiedenen Motive mindestens einmal hat. Angenommen, ein Päckchen mit 5 Sammelbildern kostet 60 Cent. Und angenommen, man tauscht nicht mit Freunden. Wie viel € muss man dann ungefähr ausgeben, um alle 639 verschiedenen Sammelbilder eines Albums zu erhalten?

Zunächst einmal kann man sich die beiden Extremsituationen betrachten: Man hat noch kein Bildchen oder es fehlt nur noch ein letztes Bild.

a) Wenn man bisher noch kein Sammelbild hat, beträgt die Wahrscheinlichkeit dafür, dass das erste Sammelbild, das man kauft, kein doppeltes Sammelbild ist, $\frac{\_\_}{639}$ $\left(\frac{\text{Anzahl Günstige}}{\text{Gesamtanzahl}}\right.$; man geht davon aus, dass die Wahrscheinlichkeiten für alle Bilder gleich sind.$\left.\right)$

b) Wenn einem nur noch ein Sammelbild fehlt, dann beträgt die Wahrscheinlichkeit dafür, dass man genau das fehlende Sammelbild bekommt, $\frac{\_\_}{639}$.

Also muss man durchschnittlich _____ Sammelbilder kaufen, um das letzte fehlende Sammelbild zu bekommen. Man bezahlt im Durchschnitt für dieses letzte Sammelbild _____ Euro.

Nun schauen wir, wie wir unser Album von 1 bis 639 füllen können:

c) Angenommen, wir haben das erste Sammelbild. Dann beträgt die Wahrscheinlichkeit dafür, dass das zweite Sammelbild kein Doppeltes ist, $\frac{638}{639}$. Also benötigt man im Durchschnitt $\frac{639}{638} = 1{,}0016$ Sammelbilder, damit man ein zweites Sammelbild im Album hat. Für einen dritten Sticker benötigt man dann $\frac{\_\_}{\_\_}$ = _____ Sammelbilder.

d) Um die Anzahl der im Durchschnitt zu kaufenden Sammelbilder zu berechnen, kann man nun die folgende Sammelbilder-Formel herleiten:

$$\text{Anzahl} = \frac{639}{639} + \frac{639}{638} + \dots + \frac{639}{\_\_} + \frac{639}{\_\_} \approx 4497$$

Also müsste man – wenn man nicht mit seinen Freunden tauscht – im Durchschnitt für ein gefülltes Album _____ Euro bezahlen.

e) Im Verlauf dieses Kaufprozesses erhält man zahlreiche Sammelbilder mehrfach. Rechts abgebildet siehst du eine Grafik, die beispielhaft darstellt, wie viele Sammelbilder (y-Achse) man wie oft hat (x-Achse), wenn man bisher 3710 Sammelbilder gekauft hat. Begründe, warum man wahrscheinlich mehr Sammelbilder in siebenfacher Ausführung hat als in 13-facher.

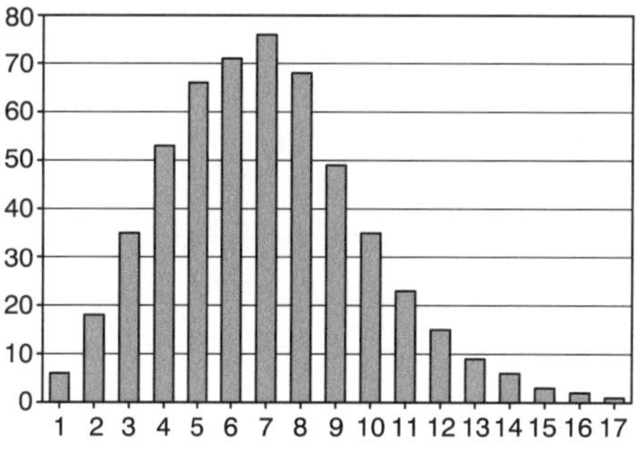

Begründung:

____

____

____

____

____

1. Rechts abgebildet siehst du verschiedene Ansichten eines besonderen Würfels. Zwar sind diese Würfel wie normale Spielwürfel so mit den Zahlen 1 bis 6 beschriftet, dass die Summe gegenüberliegender Zahlen immer 7 ergibt, aber die Wahrscheinlichkeit der sechs Zahlen ist unterschiedlich.

a) Begründe, warum die Wahrscheinlichkeit, eine 1 zu würfeln, genauso groß sein muss wie die Wahrscheinlichkeit, eine 6 zu würfeln.

b) Pirkko hat mit diesen Würfeln gewürfelt und folgende Ergebnisse erhalten. Trage die fehlenden Werte in die Tabelle ein.

Zahl		•				
absolute Häufigkeit	24	43	93	43		53
relative Häufigkeit					$\frac{54}{310}$	

c) Ist die Wahrscheinlichkeit, mit solch einem Würfel hintereinander die Zahlen 1, 2, 3, 4, 5 und 6 in dieser Reihenfolge zu werfen, größer oder kleiner als bei einem normalen Spielwürfel? Begründe deine Antwort.

2. Abgebildet siehst du die Werbung einer Schokoladenfirma.

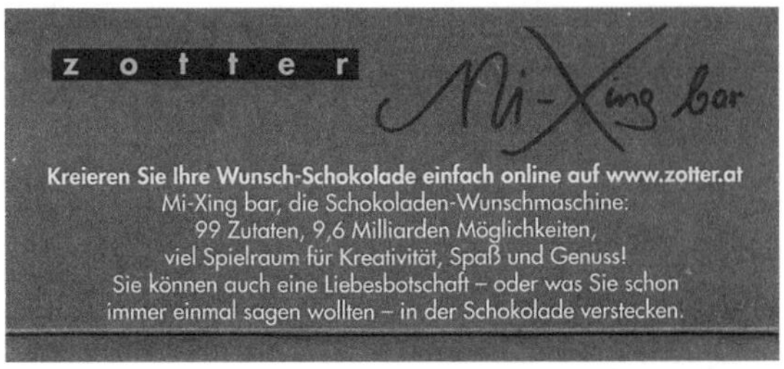

* Schokoladenmanufaktur Zotter, schokolade@zotter.at; Text ist aus einer Schokoladenverpackung (Rückseite) entnommen.

a) Betty und Natalie stellen sich jeweils eine Schokolade mit 3 verschiedenen Zutaten zusammen. Wie groß ist die Wahrscheinlichkeit dafür, dass beide dieselbe Schokolade gewählt haben?

b) Wie groß ist die Wahrscheinlichkeit, dass beide mindestens eine gemeinsame Zutat gewählt haben?

c) Betrachte die rechte Abbildung. Angenommen, man kann beliebig viele Zutaten wählen: wie viele verschiedene Kombinationen der 99 Zutaten sind theoretisch möglich? Es reicht, wenn du einen Term angibst.

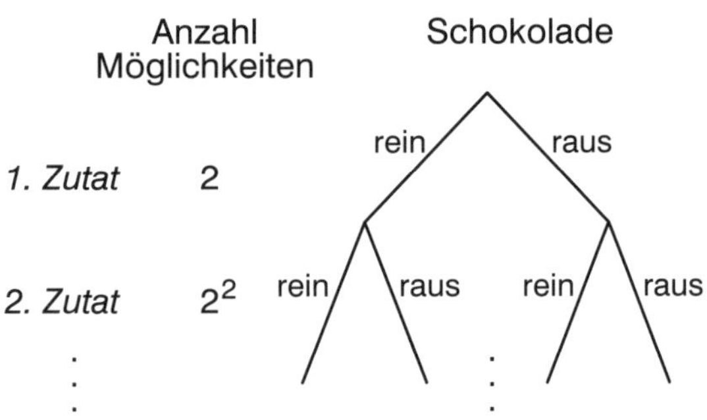

d) Überlege, wieso die Firma in der Werbung angibt, dass nur 9,6 Milliarden Möglichkeiten bestehen. Was könnten bei der Zusammenstellung der Zutaten mögliche Beschränkungen sein?

3. Kurz vor dem Ende der Wahlperiode wurden im Jahr 2013 alle Bundestagsabgeordneten befragt, ob sie schon einmal gegen ihre Überzeugung abgestimmt haben. Von den 620 Abgeordneten haben 289 geantwortet.

Rechts abgebildet siehst du die aus der Umfrage entstandene Grafik. Welche Daten würdest du benötigen, wenn du die Anzahl der Abgeordneten der einzelnen Parteien bestimmen möchtest, die mit „Ja" gestimmt haben?

In diesem Heft hast du gelernt, Sachverhalte aus der Realität mithilfe der Mathematik zu modellieren, um so verschiedene Fragestellungen zu beantworten.
In jeder dieser Modellierungsaufgaben musstest du die vier Teilschritte *Aufgabe verstehen, Situation strukturieren, Mathematik benutzen* und *Ergebnis erklären* durchlaufen. Eine Übersicht über die dabei benutzten Strategien und Hilfsmittel findest du noch einmal auf Seite 40.
In den folgenden Aufgaben kannst du überprüfen, wie gut du mathematisch modellieren kannst. Löse alle Aufgaben auf einem Extrablatt.

1. Wochenendausflug

Herr Özdemir möchte mit seiner Frau und ihren drei Kindern übers Wochenende dem hektischen Alltag zu Hause in Berlin entfliehen und auf die 400 km entfernte Ostseeinsel Fehmarn fahren. Als die Familie am Freitag losfahren will, springt das Auto nicht an. Um den Kurzurlaub nicht absagen zu müssen, geht Herr Özdemir kurzentschlossen zum nächsten Autoverleih und möchte sich für das Wochenende ein Auto leihen.
Beim Autoverleih stehen so kurzfristig nur noch vier Modelle zur Ausleihe bereit:

	OPAL EVE	PMW SOLA	SIAT MALLE	MODAL SPACE
Personen	4	5	5	5
Gepäck	1	2	2	2
Türen	3	3	5	5
Preis pro Tag	€ 28,00	€ 29,66	€ 30,44	€ 34,99
Verbrauch	5,1 *l*/100 km	5,7 *l*/100 km	5,2 *l*/100 km	5,7 *l*/100 km
Kraftstoff	Super	Super	Super	Diesel
Inklusivkilometer pro Tag	200	200	250	220
Jeder weitere km	0,15 €	0,15 €	0,30 €	0,15 €

Die durchschnittlichen Benzinpreise betragen für Diesel 1,39 € pro Liter und für Super 1,57 € pro Liter.
Gib Herrn Özdemir eine begründete Empfehlung, welches Auto er für den Kurztrip nach Fehmarn leihen soll.

2. Spam-Filter

Marielle möchte auf ihrem Computer einen Spam-Filter installieren, der unerwünschte Emails aus ihrem Posteingang herausfiltert. Sie informiert sich in einem Computermagazin, in dem zwei Programme getestet wurden:
Das Programm „Anti-Spam" filtert 99 % aller Werbemails aus. Leider werden aber auch 5 % der erwünschten Emails ausgefiltert.
Das zweite Programm „Spam-Stop" siebt zwar nur 92 % der unerwünschten Emails aus, macht dafür aber weniger Fehler. Nur 1 % der Emails wird fälschlicherweise aussortiert.
Beurteile durch geeignete Annahmen, welches Programm Marielle für ihre Emails verwenden sollte.

3. Wie viel kostet eine „Zahlpause“?

Familie Baumann benötigt vier neue Winterreifen. Sie interessiert sich für das abgebildete Angebot. Wenn die Reifen sofort bestellt werden, werden sie rechtzeitig vor Abreise in den Skiurlaub geliefert und montiert. Bei sofortiger Zahlung muss Familie Baumann ihr Konto zu einem Zinssatz von 12,3 % überziehen.
Allerdings bietet der Reifenhändler auch eine sogenannte Zahlungspause an.

Die Zahlart **Zahlpause 90 Tage** wird nur für Kunden mit Wohnsitz in der Bundesrepublik Deutschland angeboten! Zahlpause wird bis zu einem Höchstbetrag von 750,00 EUR gewährt, Wir berechnen einen Zinsaufschlag von lediglich 1,0% und eine einmalige Bearbeitungsgebühr von 2,50 EUR auf den Barzahlungspreis.

Berechnungsbeispiele:
Die Kosten für die Zahlpause errechnen sich daher, wie nachfolgend exemplarisch dargestellt.

Bestellwert	Zinsaufschlag entspr. 1,0%	Bearbeitungsgebühr	Gesamt-Rechnungsbetrag, zahlbar spät. nach 90 Tagen	effektiver Jahreszins
100,00 EUR	1,00 EUR	2,50 EUR	103,50 EUR	14,752 %
250,00 EUR	2,50 EUR	2,50 EUR	255,00 EUR	8,243 %
500,00 EUR	5,00 EUR	2,50 EUR	507,50 EUR	6,136 %
750,00 EUR	7,50 EUR	2,50 EUR	760,00 EUR	5,441 %

((Quelle. *http://www.reifen.com/de/faq/agb#payment*))

Wie sollte sich Familie Baumann entscheiden?

4. Schluss mit tagelangen Geldtransfers

Bankkunden, die am Computer von zu Hause aus Geld vom Girokonto auf ein Tagesgeldkonto überweisen, ärgerten sich jahrelang, dass zwar das Girokonto sofort mit dem Überweisungsbetrag belastet wurde, es dagegen oftmals zwei, gelegentlich sogar drei Werktage dauerte, bis der Betrag auf dem anderen Konto gutgeschrieben wurde.
Seit dem 1. Januar 2012 gehören diese gemächlichen Geldtransfers der Vergangenheit an. Grund für die EU-weite Geldbeschleunigung ist die *europäische Zahlungsdiensterichtlinie*. Sie schreibt vor, dass zwischen dem elektronischen Auftrag für eine Überweisung bei einem Institut und der Gutschrift bei einem anderen höchstens noch ein Bankarbeitstag liegen darf – das ist in der Regel ein Werktag, außer Samstag. Bei einem Überweisungsauftrag auf Papier sind es zwei Tage.
Dass Bankkunden den Betrag vom Girokonto erst zwei Tage später auf dem Tagesgeldkonto gutgeschrieben bekommen, ist also auch nach der neuen Richtlinie nichts Verwerfliches. Was aber passiert in dieser Zeit mit dem Geld? „Die Bank kann es für sich arbeiten lassen“, meinen Verbraucherschützer. „Die Zeit, in der das Geld zwischen Zahlungsausgang hier und Gutschrift dort schwebe, sei zwar kurz, aber bei rund 5,9 Milliarden Überweisungsvorgängen in Deutschland im Jahr lassen sich so auf Dauer hohe Gewinne erzielen.“
(Quelle: *http://www.sueddeutsche.de/geld/die-ein-tages-frist-kein-geld-mehr-im-nirwana-1.1191187 vom 26.11.2011*)

- „Selbst bei kleineren Instituten“, berichtet ein Insider, „könnten diese Zinsgewinne pro Jahr in den sechsstelligen Bereich gehen.“ Kann das stimmen?
- Um wie viel Prozent sind die Zinsgewinne der Banken durch die Einführung der neuen Richtlinien gesunken?

5. Ankerkette

Das Segelschiff *Ulla I* ist am 27.3. in See gestochen. Nach 7 Tagen ist es im 200 km weit entfernten Ziel angekommen.
Damit das Schiff die gewünschte Position hält, wird der Anker ins Wasser gelassen, so dass er auf den 20 Meter tiefen Meeresgrund sinken kann.
Wie lang darf die 150 m lange Ankerkette maximal abgelassen werden, damit das Schiff weniger als 20 Meter von der Stelle über dem Punkt, an dem der Anker auf dem Meeresgrund liegt, abgetrieben wird?

6. Statistik

Die unten abgebildete Grafik zeigt die Entwicklung der Arbeitslosenquote A (äußere schwarze Balken), Einwohneranzahl E (innere Balken) sowie der Inflationsrate I („Kreisgraph") in Sekundien von 1970 bis 2010.
Lässt sich der Zusammenhang zwischen zwei der drei Größen A, E und I durch eine lineare Funktion modellieren? Begründe sowohl anhand der Darstellung als auch inhaltlich.

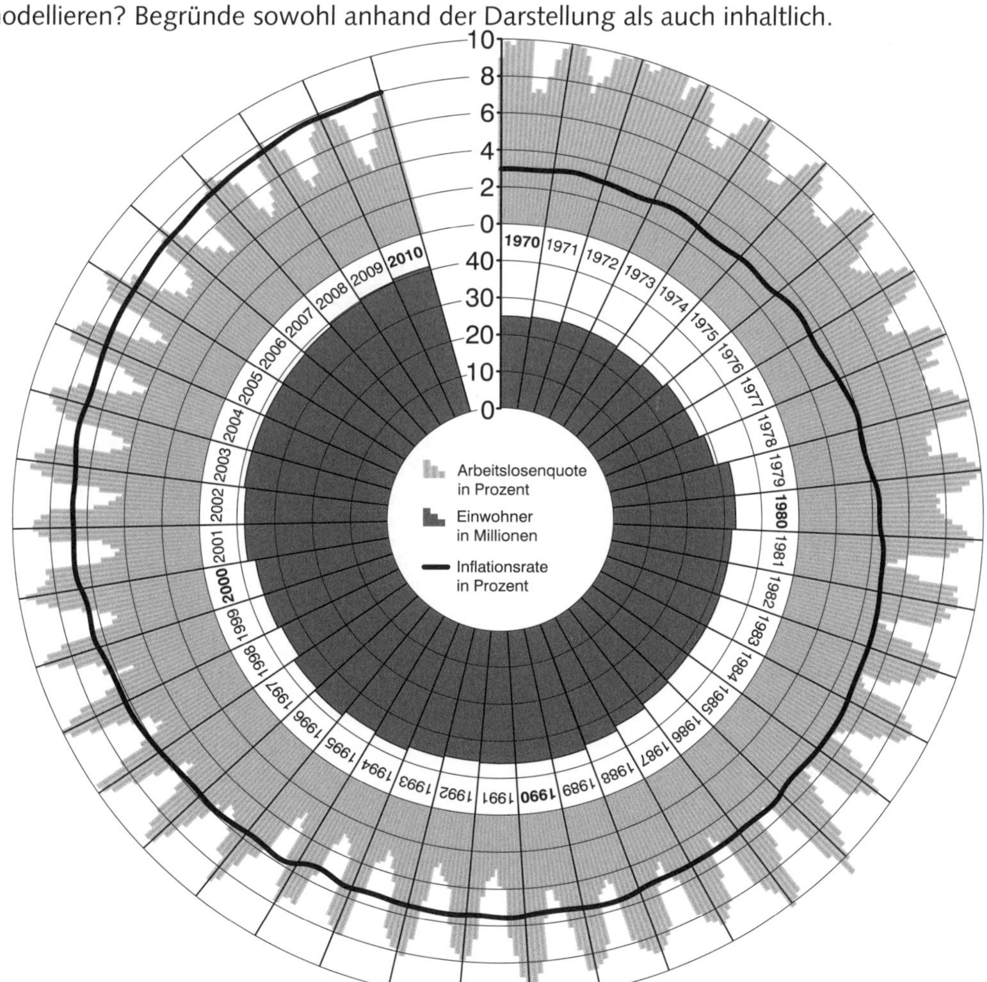

Lösungsschema für Modellierungsaufgaben[1]

1. Aufgabe verstehen

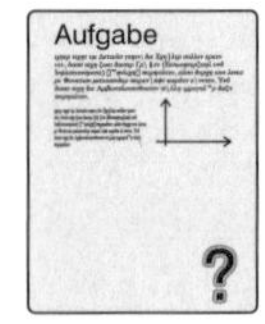

- Lies die Aufgabe genau durch, evtl. sogar mehrfach. Verwende ggfs. Markierungsstrategien.
- Verstehst du alle wichtigen Wörter? Sonst schlage sie nach.
- Versetze dich in die Situation, die in der Aufgabe beschrieben wird, hinein.
- Notiere die gegebenen Informationen in einer anderen Form (Tabelle, Skizze, Concept-Map,...).
- Wonach ist gefragt? Formuliere die Frage mit eigenen Worten.

2. Situation strukturieren

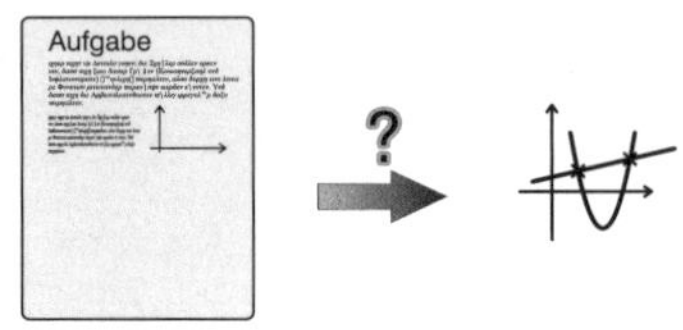

- Was sind für die Beantwortung der Frage wichtige und unwichtige Informationen?
- Welche Informationen fehlen noch?
- Kannst du fehlende Informationen recherchieren oder musst du Annahmen treffen?
- Kannst du die Aufgabe in Teilaufgaben zerlegen?
- Beschreibe den mathematischen Zusammenhang zwischen den zentralen Angaben.

3. Mathematisch arbeiten

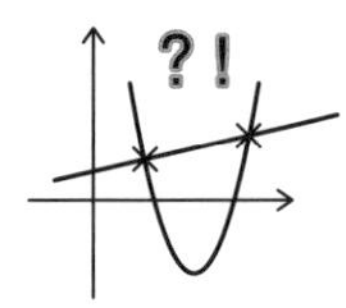

- Welche dir bekannten Rechenwege bzw. welche mathematischen Verfahren passen?
- Hast du schon einmal ähnliche Probleme in der Mathematik bearbeitet?
- Welche Hilfsmittel (Geodreieck, Zirkel, ...) kannst du nutzen?
- Überschlage zunächst das Ergebnis.
- Runde dein Ergebnis angemessen in Bezug auf die Aufgabenstellung.

4. Ergebnis erklären

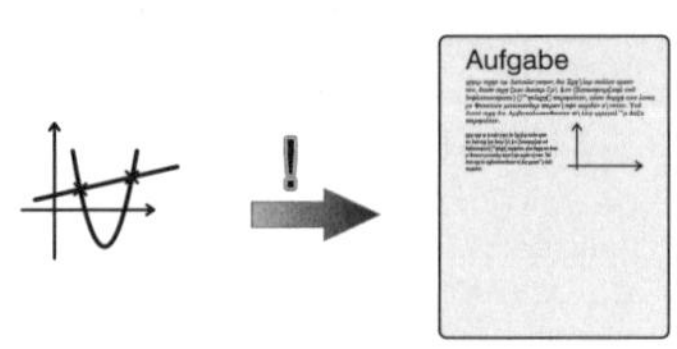

- Kann das Ergebnis stimmen?
- Kannst du das Ergebnis inhaltlich/mathematisch erklären?
- Lege deine Denk- und Rechenwege übersichtlich dar.
- Schreibe einen Antwortsatz auf.
- Passt dein Antwortsatz zur Frage?

[1] Dieses Lösungsschema wurde von Prof. Dr. Dominik Leiss entwickelt.

Lösungen zum Arbeitsheft 9

2 Sachsituationen

1. a) In 8 Jahren (von 2008 bis 2016) stieg der monatliche Betrag in 8 gleichen Schritten um insgesamt 28 €. In einem Jahr stieg er also immer um 3,50 € (28 € : 8).

Jahr	Monatlicher Betrag
2002	1,00 €
2005	11,50 €
2008	22,00 €
2010	29,00 €
2013	39,50 €
2016	50,00 €

c) 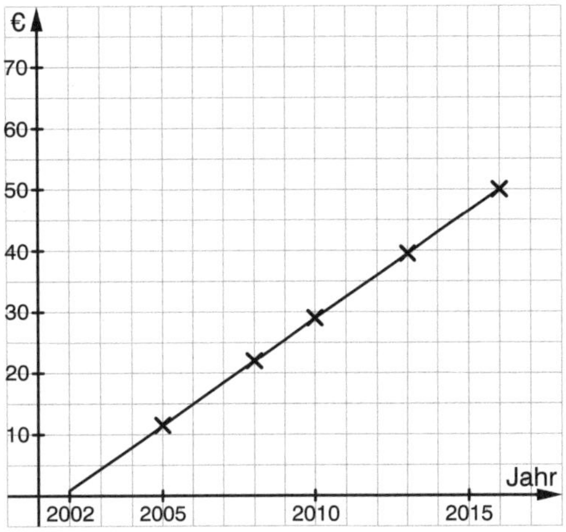

b) Das Jahres-Taschengeld stieg in jedem Jahr um 42 € (monatlich um 3,50 €).
d) $y = 3{,}5(x - 2002) + 1$

2 a), b) Ein annähernd linearer Zusammenhang besteht zwischen den Größen „Strecke in km“ (x) und „Kerosinmenge im Tank“ (y). Näherungsweise gilt:

$y = -0{,}019\,x + 255$

	rechnerischer Wert	Wert aus Tabelle
$x = 200$:	$y = 251{,}2$	251,2
$x = 500$:	$y = 246{,}5$	245,5 passt ungefähr
$x = 700$:	$y = 241{,}7$	241,8 passt ungefähr
$x = 1100$:	$y = 234{,}1$	234,1

c) Steigung $m = -0{,}019$; dies ist der (durchschnittliche) Kerosinverbrauch (in m^3) für 1 km Strecke.
Achsenabschnitt $b = 255$; dies entspricht der Menge Kerosin (in m^3) vor dem Start.

d) Gleichung für den Kerosinverbrauch bei einer Startmenge von 324,54 m^3:

$y = -0{,}019\,x + 324{,}54.$

Maximale Flugstrecke, bis der Tank leer ist (entspricht $y = 0$):

$0 = -0{,}019\,x + 324{,}54;\ \underline{x_{max} = 17\,081 \text{ km}}$

(Dabei ist der erhöhte Verbrauch bei Start und Landung nicht berücksichtigt.)

3 Paare suchen mit Funktionen: Sportgraphen

1. Graph A – Sprint; Graph B – Stabhochsprung; Graph C – Hochsprung; Graph D – Autorennen

2. Beispiele:
   Trampolinspringen:

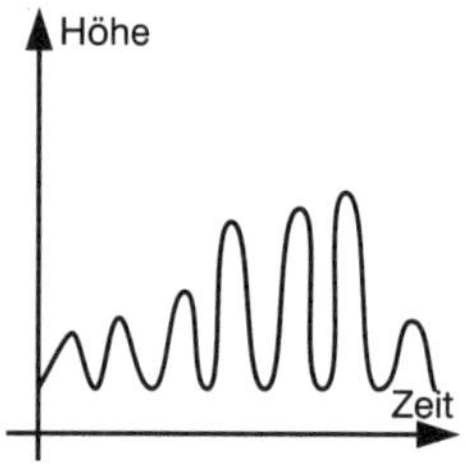

Diskuswurf:

Weitsprung:

Graph I: z.B. Fallschirmsprung; nach dem Sprung aus dem Flugzeug fällt der Springer zunächst ungebremst „im freien Fall"; seine Geschwindigkeit wird dabei immer größer. Wenn er dann den Fallschirm öffnet, wird er schnell abgebremst und schwebt mit einer geringeren Geschwindigkeit der Erde entgegen. Nach der Landung hat er die Geschwindigkeit 0.

3. Weitere Beispiele:
   Turmspringen:

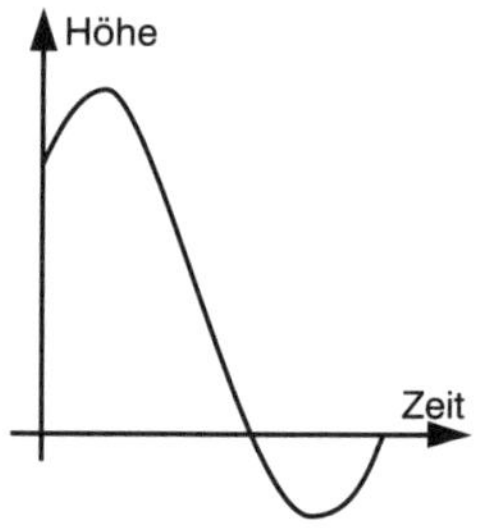

4. –

4/5 Handytarife

Aufgabe verstehen
Informationen über die Anbieter zusammenstellen:

	IDLA-Phone	L-Mobile	Vodatalk
Grundgebühr	Keine	9,95 €	19,99 €
Mindestlaufzeit	Keine	24 Monate	24 Monate
Was ist inklusive?	Nichts	120 Einheiten	Alles
Minutenpreis	0,14 €	0,24 €	0,00 €
SMS-Preis	0,11 €	0,19 €	0,00 €

Merle nutzt ihr Handy fast nur zum SMS-Schreiben. Vereinfachen: Merle schreibt nur SMS, sie telefoniert nicht.
Sie ist an einem möglichst günstigen Tarif interessiert. Die Laufzeit ist nicht so wichtig.

Situation strukturieren
Minutenpreise für Telefonieren nicht betrachten, da Merle (fast) nicht telefoniert.
Um den günstigsten Tarif zu finden, muss man Annahmen darüber treffen, wie viele SMS Merle im Monat ungefähr schreibt. Bei 4 – 6 SMS pro Tag sind es im Monat (30 Tage) 120 – 180 SMS.

Mathematik benutzen
Die Zuordnung *Anzahl SMS im Monat → Preis* stellt für jeden Anbieter eine stückweise lineare Funktion dar, sie kann als Graph (Streckenzug) im Koordinatensystem dargestellt werden.

Wichtige Wertepaare:

IDLA-Phone:	0 SMS – 0 €; 1 SMS – 0,11 €; 10 SMS – 1,10 €
L-Mobile:	0 SMS – 9,95 €; 120 SMS – 9,95 €; 130 SMS – 11,85 € (9,95 + 1,90)
Vodatalk:	10 SMS – 19,99 €; 100 SMS – 19,99 €

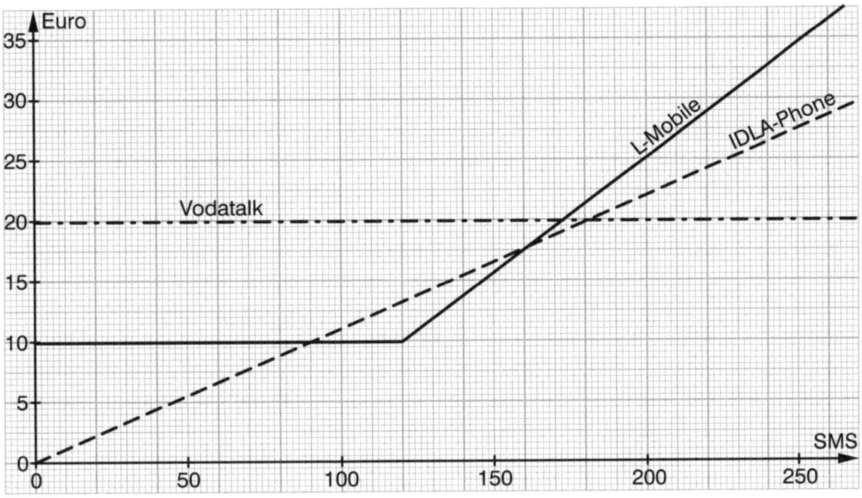

(Funktionsgleichungen: IDLA-Phone: y = 0,11 x; L-Mobile: y = 9,95 für 0 < x < 120; danach mit Steigung 0,19 weiter; Vodatalk: y = 19,99)

Ergebnis erklären
Der Graph, der in einem bestimmten Bereich am weitesten unten verläuft, gibt den für diesen Bereich günstigsten Anbieter an.
Wenn man davon ausgeht, dass Merle im Monat zwischen 120 und 180 SMS schreibt, kommen zwei Anbieter in Frage: für 120 bis 160 SMS ist L-Mobile am günstigsten; für 160 bis 180 SMS ist IDLA-Phone am günstigsten.
Im größeren Bereich von Merles voraussichtlicher SMS-Anzahl (120 bis 160 SMS) ist L-Mobile am günstigsten, Merle sollte diesen Tarif wählen.

6 Vermischte Aufgaben zu Kapitel 2

1. (1) $y = 2x$ O (2) $y = 4x + 2$ L (3) $y = -2x + 2$ I
(4) $y = 2x - 2$ V (5) $y = 2x + 2$ E (6) $y = 2$ N
Lösungswort: Oliven

2. a)

Figur	Geradengleichung
Rechteck	$y = 2$
Trapez	z.B. $y = \frac{1}{2}x + 1$
Trapez	z.B. $y = -\frac{1}{2}x + 3$
Dreieck	$y = 2x$

b) Alle Geraden gehen durch den Punkt P(2|2).

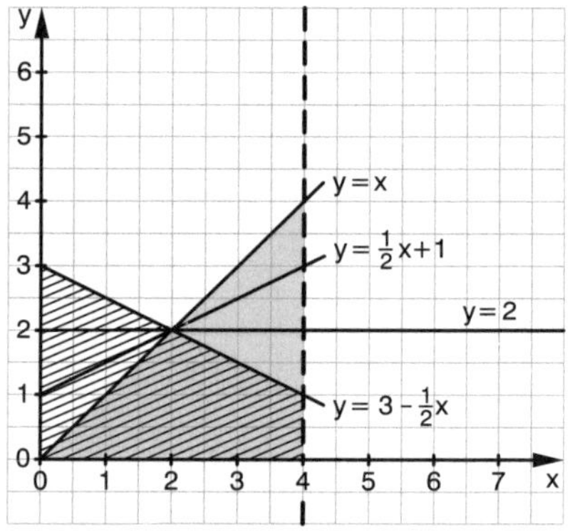

3.

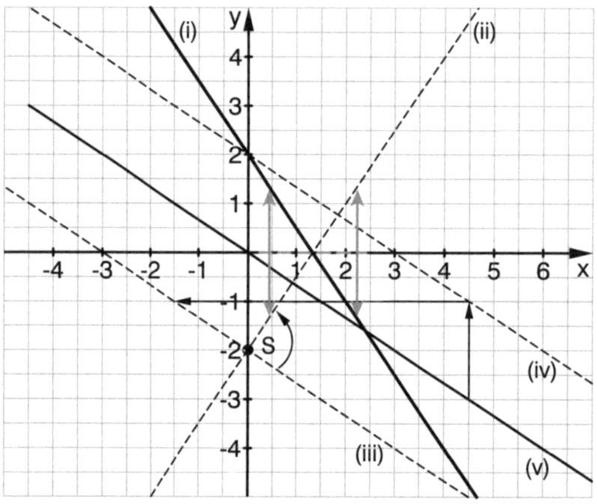

Rückwärts arbeiten:
Letzte Gerade: $y = -\frac{2}{3}x$
(4) um 2 nach <u>oben</u>: $y = -\frac{2}{3}x + 2$
(3) um 6 nach <u>links</u>: $y = -\frac{2}{3}(x+6) + 2$;
$y = -\frac{2}{3}x - 2$
(2) um 90° <u>im</u> Uhrzeigersinn drehen um S(0|−2): $y = 1{,}5\,x - 2$
(1) an x-Achse spiegeln: $y = -1{,}5\,x + 2$

7 Potenzen und Wurzeln

1. a) $\sqrt{0{,}81} = 0{,}9$ b) $\sqrt{1{,}44} = \underline{1{,}2}$ c) $\sqrt{\frac{1}{16}} = \frac{1}{4}$ d) $\sqrt{\frac{0}{121}} = \underline{0}$
e) $\sqrt{-5}$ existiert nicht f) $\sqrt{\frac{27}{3}} = \sqrt{\underline{9}} = \underline{3}$ g) $\sqrt{1000000} = \underline{1000}$ h) $\sqrt{0{,}0001} = \underline{0{,}01}$
i) $\sqrt{\sqrt{81}} = \sqrt{\underline{9}} = \underline{3}$ j) $\sqrt{\sqrt{1}} = \sqrt{\underline{1}} = \underline{1}$ k) $\sqrt{8{,}7753^2} = \underline{8{,}7753}$ l) $\sqrt{\underline{16}} = 2^2\ (= 4)$

2. a) $A = 25\text{ cm}^2$, $a = 5\text{ cm}$, $u = 20\text{ cm}$
b) $A = 9\text{ cm}^2$, $a = 3\text{ cm}$, $u = 12\text{ cm}$
c) $a = 2h$, $a = 7{,}2\text{ cm}$, $u = 28{,}8\text{ cm}$
d) $a = 2r$, $a = 11\text{ cm}$, $u = 44\text{ cm}$

3. a) 0,42 b) $\frac{1}{3} = 0{,}\overline{3}$ c) $\frac{13}{6}$ d) $\sqrt{\frac{4}{5}} = 0{,}89$ e) 1,00 f) $2^2 = 4$

4. a) $0 < \sqrt{0{,}1} < \frac{1}{2}$; übrig bleibt: E
   b) $2a < \sqrt{5a^2} < 3a$; übrig bleibt: R
   c) $\frac{620}{20} < \sqrt{1000} < \frac{618}{18}$; übrig bleibt: D
   d) $\frac{1}{100} < \sqrt{\frac{1}{999}} < \frac{1}{10}$; übrig bleibt: E

   Lösungswort: ERDE

5. Das Gehege hat (mindestens) 3 gleich lange Seiten. Wenn das Gehege quadratisch ist, braucht man für die gleiche Fläche am wenigsten Zaun.
   $A = 7500\ m^2$, dann Seitenlänge des Quadrats: 86,6 m.
   Bauer Peter braucht für 3 Seiten abzüglich Gatter Zaun, also für
   259,8 m – 3 m = 256,8 m.
   Kosten: für Zaun 1271,16 €; Gatter: 289 €; gesamt: 1560,16 €

8 Bis zum Mond

Aufgabe verstehen

Bei jeder Faltung wird die Anzahl der Papierlagen und damit die Dicke des gefalteten Papiers verdoppelt.
Fragestellung: Wie viele Papierlagen braucht man für die mittlere Entfernung Erde – Mond? Wie kann man diese Zahl allein durch Verdoppeln erreichen?

Situation strukturieren

Papierdicke geschätzt: 0,1 mm
Mittlere Entfernung Erde – Mond: 380 200 km (mögliche Höhenunterschiede auf der Erde – minimal Meereshöhe (0 km), maximal Höhe Mt. Everest (gerundet 9 km) spielen bei dieser Größenordnung keine Rolle.)

Mathematik benutzen

Mehrmaliges Verdoppeln kann man durch Zweierpotenzen beschreiben.
Dicke y (in mm) des gefalteten Papiers bei x Faltungen: $y = 0{,}1 \cdot 2^x$
Um die Dicke 380 200 km = 380 200 000 000 mm zu erreichen, muss 2 mit 42 potenziert werden ($0{,}1 \cdot 2^{41} = 219\,902\,325\,555{,}2$; $0{,}1 \cdot 2^{42} = 439\,804\,651\,110{,}4$). 42-mal benötigt man den Faktor 2.

Ergebnis erklären

Um die Entfernung Erde – Mond zu überbrücken, müsste man Papier mit der Dicke 0,1 mm 42-mal falten.
Das Ergebnis ist überraschend klein, man kann es dadurch erklären: Exponentielle Funktionen wie $y = 2^x$ steigen immer steiler, sie wachsen immer schneller.

9 Mathematische Wurzeln

a) Quadrieren: Zu einer Zahl a bestimmt man den Flächeninhalt eines Quadrats, das die Grundseite a hat.

b) Potenzen (zu einer Basis $a > 1$) werden mit wachsendem Exponenten sehr schnell sehr groß, sie wachsen sehr schnell, „gewaltig".

c) Rationale Zahl: lässt sich als Bruch oder endlicher bzw. periodisch unendlicher Dezimalbruch darstellen. Sie „ist vernunftmäßig erfassbar".
Irrationale Zahl: Dezimaldarstellung ist unendlich, es tauchen keine „Muster" oder periodischen Wiederholungen auf. Ihre Darstellung kann (zunächst) oft nur schwer verstanden werden.

10 Vermischte Aufgaben zu Kapitel 3

1. $1{,}4 \cdot 10^{18}$ kg Wasser von $5{,}974 \cdot 10^{24}$ kg Gesamtmasse sind 0,000 0234 %.

2. a) Sehr große und sehr kleine positive Zahlen kann man auch als Produkt aus einer Zahl zwischen 1 und 8 und einer 8er-Potenz schreiben.

   b) $(0{,}0000345)_8$ $\quad (0{,}0002115)_8 = 2 \cdot 8^{-4} + 1 \cdot 8^{-5} + 1 \cdot 8^{-6} + 5 \cdot 8^{-7} = (0{,}000\,524\,998)_{10}$
   $+\ (0{,}000155)_8$
   $\quad\quad\ 1\,1$
   $(0{,}0002115)_8$

3. A nein (Der Graph ist ein Teil der Funktion $f(x) = x^2$.)
   B nein (Der Graph hat auch für negative x einen Funktionswert; $y = \sqrt{x}$ ist nur für $x > 0$ definiert.)
   C nein (Der Graph hat negative Funktionswerte; $y = \sqrt{x}$ ist immer positiv.)
   D ja (Überprüfung einzelner Werte: $x = 0$, $y = 0 = \sqrt{0}$; $x = 1$, $y = 1 = \sqrt{1}$; $x = 4$, $y = 2 = \sqrt{4}$. Oder: Der Graph ist die Spiegelung des rechten Teils der Quadratfunktion $y = x^2$ an der Geraden $y = x$.)

4. a) Eine solche Funktion kann es nicht geben.
   Begründung: Wenn eine proportionale Funktion einen Gitterpunkt trifft, dann können die Abschnitte (Steigungsdreiecke) von $(0|0)$ bis zu diesem Punkt beliebig oft entlang der Geraden aneinander gesetzt werden. Man erhält so unendlich viele Gitterpunkte, die auf dem Graph der proportionalen Funktion liegen.

   b) Eine proportionale Funktion, die durch $(0|0)$ und einen Gitterpunkt $(m|n)$ geht, hat die Steigung $\frac{n}{m}$, also einen rationalen Wert als Steigung.
   Proportionale Funktionen mit einer irrationalen Steigung, z.B. $y = \sqrt{2}\,x$, gehen – außer durch $(0|0)$ – durch keinen weiteren Gitterpunkt.

11 Satz des Pythagoras

1. a) $c = 17{,}2$ cm b) $c = 0{,}0002$ cm ≈ 0 cm c) $a = 109{,}99$ cm ≈ 110 cm
   d) $a = 0{,}5$ cm e) $b = 6{,}4$ cm f) $b = 17{,}9$ cm

2. a) $3{,}1^2 + 2{,}2^2 = 14{,}45$; $4^2 = 16$; das Dreieck ist nicht rechtwinklig (Umkehrung des Satzes des Pythagoras).
   b) $c = 3{,}8$ cm ($\gamma = 90°$, also gilt der Satz des Pythagoras)
   c) $a = 3{,}1$ cm ($= b$), (Dreieck ist gleichschenklig, da $\alpha = \beta$)
   d) $b = 3{,}34$ cm ($\gamma = 90°$, also gilt der Satz des Pythagoras)

3. a) Abstand $\overline{P_1P_2}$ ist 1.
   b) Abstand $\overline{P_1P_3}$ ist $\sqrt{2} = 1{,}414\ldots$
   c) Abstand $\overline{P_1P_2}$ ist $\sqrt{1+1+1} = \sqrt{3} = 1{,}73\ldots$

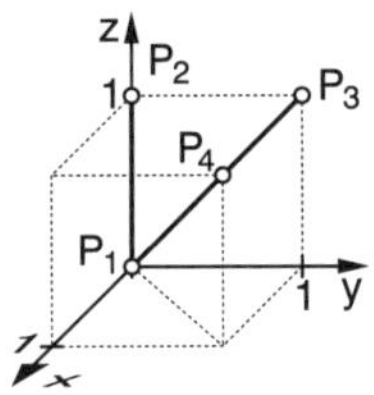

12/13 Alarm, Alarm

Aufgabe verstehen
- „Distanz" bedeutet „Entfernung".
- „maximale Höhe" bedeutet die „größtmögliche Höhe, aus der Personen gerettet werden können".

Skizze II ist für die Lösung der Aufgabe geeigneter, denn hier kann man ein rechtwinkliges Dreieck einzeichnen mit Hypotenuse – Leiterlänge (gegeben) –, Kathete 1 – Abstand Wagen–Haus (gegeben) – und Kathete 2 – Höhe (gesucht).
In Skizze I ist die Szenerie perspektivisch gezeichnet, so dass ein rechtwinkliges Dreieck nicht gleich zu erkennen ist.

Situation strukturieren
Annahmen:
- Die Leiter befindet sich am Feuerwehrauto in einer Höhe von 2,50 m.
- Der Korb am Ende der Leiter ist ca. 1 m breit.
- Das Ende der Leiter ist genau die Rettungshöhe (die Größe des Feuerwehrmannes wird nicht berücksichtigt).
- Das Feuerwehrauto hält einen Abstand von genau 8 m zum Haus.

Mathematik benutzen
Mathematisches Modell: Satz des Pythagoras

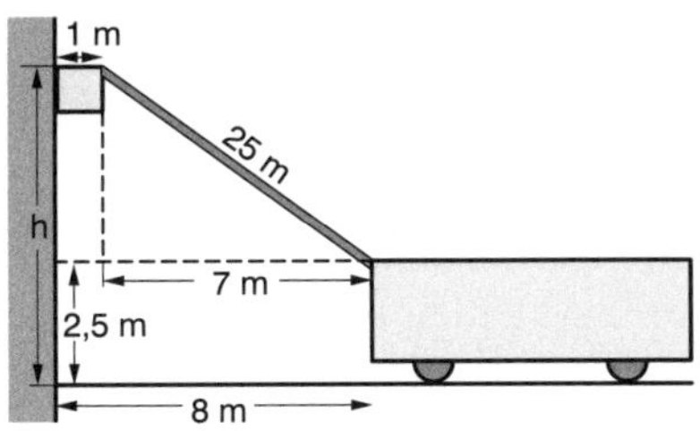

$h = 2{,}5 + \sqrt{25^2 - 7^2}$; $h = 26{,}5$ m

Ergebnis erklären
Unter den oben gemachten Annahmen kann die Feuerwehr Personen aus einer Höhe von ungefähr 26,5 m retten.
Wenn das Feuerwehrauto vorwärts an Haus heranfährt, ändert sich die Länge der („waagerechten“) Kathete im Berechnungsdreieck:

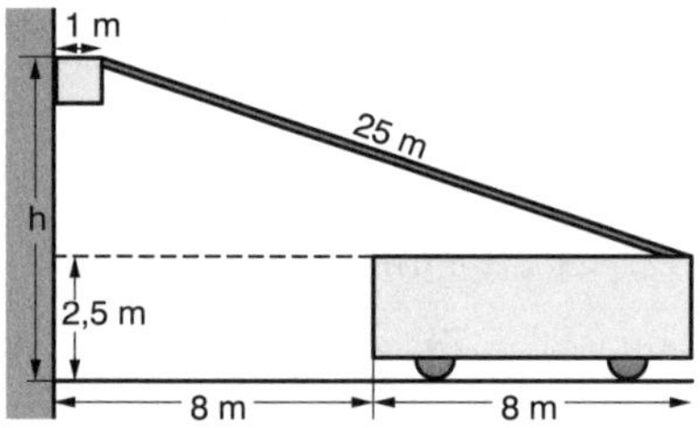

$h = 2{,}5 + \sqrt{25^2 - 16^2}$; $h = 21{,}71$ m ≈ 22 m

Nun könnten Personen aus einer Höhe bis zu 22 m gerettet werden.

14 Pythagoras – Variationen

a) Der Flächeninhalt eines Kreises mit Radius r ist immer $\frac{\pi}{4}$-mal so groß wie der Flächeninhalt des Quadrats mit Seitenlänge 2r.
Pythagoras: Summe der Flächeninhalt der Kathetenquadrate ist gleich groß wie der Flächeninhalt des Hypotenusenquadrats.
Also ist auch die Summe der $\frac{\pi}{4}$-mal so großen Flächeninhalte der Kathetenquadrate gleich groß wie der $\frac{\pi}{4}$-mal so große Flächeninhalt des Hypotenusenquadrats.

b) $a^2 + b^2 = c^2$ (Pythagoras im rechtwinkligen Dreieck mit Hypotenuse c)
$\Leftrightarrow \frac{1}{2}a^2 + \frac{1}{2}b^2 = \frac{1}{2}c^2$ (Äquivalenzumformung)
$\Leftrightarrow \frac{1}{2}a \cdot a + \frac{1}{2}b \cdot b = \frac{1}{2}c \cdot c$ (Termumformung)
$\Leftrightarrow \frac{1}{2}a \cdot h_a + \frac{1}{2}b \cdot h_b = \frac{1}{2}c \cdot h_c$ ($h_a = a$; $h_b = b$; $h_c = c$)
$\frac{1}{2}a \cdot h_a$ ist der Flächeninhalt des (gleichschenkligen) Dreiecks mit Grundseite a und Höhe $a = h_a$.

c) Jede Flächenform, die ein genau definiertes Vielfaches der Quadratfläche ist, ist geeignet.
z.B. – Rechteck über den (Dreiecks)Seiten mit Höhe = halbe Grundseite
(dann Fläche des Rechtecks = $\frac{1}{2}$ Fläche Quadrat)
– Halbkreis über den (Dreiecks)Seiten, dann $r_a = \frac{1}{2}a$; usw.
(Dann Fläche Halbkreis $= \frac{1}{2}\pi \cdot r_a^2 = \frac{1}{2} \cdot \pi \cdot \left(\frac{1}{2}a\right)^2 = \frac{1}{8}\pi a^2 = \frac{1}{8}\pi \cdot$ Quadratfläche)

15 Vermischte Aufgaben zu Kapitel 4

1. Diagonale im Briefumschlag: $d = \sqrt{22{,}9^2 + 16{,}2^2}$; $d = 28{,}05$ cm
   Die Maßangaben des Umschlags gelten nur, wenn er flach auf dem Tisch liegt. Ist der Inhalt 0,5 cm dick, so verkürzen sich die Maße:
   Seitenansicht: 

   Die nutzbaren Außenmaße des Umschlags sind somit:
   Länge 22,9 cm $- 2 \cdot \frac{1}{2} \cdot 0{,}5$ cm $= 22{,}4$ cm, Breite 16,2 cm $- 2 \cdot \frac{1}{2} \cdot 0{,}5$ cm $= 15{,}7$ cm.
   Hier ist dann die Diagonale $d = \sqrt{22{,}4^2 - 15{,}7^2}$ cm $= 27{,}35$ cm lang, ein Essstäbchen der Länge 28 cm passt nicht hinein.

2. 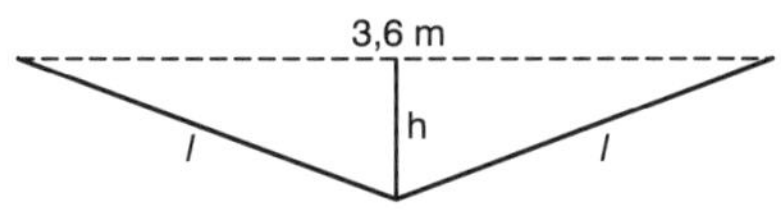

   $h = 0{,}15$ m; $l = \sqrt{1{,}8^2 + 0{,}15^2}$; $l = 1{,}806$ m.
   Die gedehnte Leine ist $2l = 3{,}612$ m lang.

3. 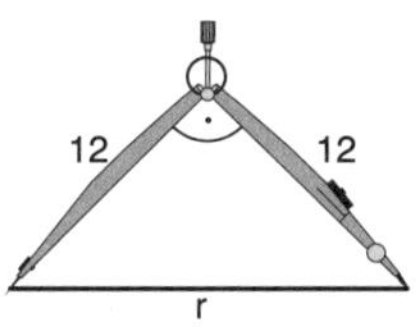

   größtmöglicher Radius bei $\alpha = 90°$; $r = \sqrt{12^2 + 12^2}$; $r = 16{,}97$ cm

4. 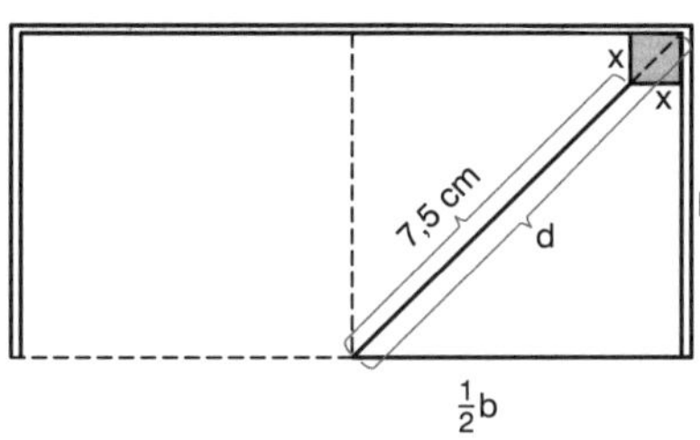

   Damit der Torwart den Ball noch abwehren kann, muss das kleine Quadrat in der Ecke kleiner als der Ball sein, also $x < 1$ cm.
   Die Diagonale d muss also kleiner sein als 7,5 cm $+ \sqrt{1+1}$ cm, also $d < 8{,}9$ cm.
   Bei einem Verhältnis (Gesamt)Breite zu Höhe von z.B. 18 : 10 kann das Tor z.B. die Maße Breite 11,9 cm; Höhe 6,6 cm haben.

16 Zwei Gleichungen mit zwei Variablen

1. a) I $y = 2x - 3$
   II $y = -x + 3$
   $S(2|1)$
   Probe:
   I $1 = 2 \cdot 2 - 3$; $1 = 1$
   II $1 = -2 + 3$; $1 = 1$

   b) I $y = \frac{1}{2}x - 1$
   II $y = 1{,}5x - 3$
   $S(2|0)$
   Probe:
   I $0 = \frac{1}{2} \cdot 2 - 1$; $0 = 0$
   II $0 = 1{,}5 \cdot 2 - 3$; $0 = 0$

   c) I $y = -\frac{3}{4}x + 1$
   II $y = -4x + 14$
   $S(4|-2)$
   Probe:
   I $-2 = -\frac{3}{4} \cdot 4 + 1$; $-2 = -2$
   II $-2 = -4 \cdot 4 + 14$; $-2 = -2$

2. Hier ohne Zeichnung.
   a) I $y = 2x - 2$
   II $y = \frac{2}{3}x - 2$
   $S(0|-2)$

   b) I $y = -\frac{3}{4}x - 1$
   II $y = -\frac{3}{4}x - 2$
   kein Schnittpunkt

3. a) keine Lösung, Geraden haben die gleiche Steigung, aber unterschiedliche y-Achsenabschnitte. Sie sind also parallel und schneiden sich nicht.
   b) genau eine Lösung, Geraden haben verschiedene Steigungen, schneiden sich also.
   c) unendlich viele Lösungen, Geraden sind identisch: II $y = 1{,}5\,x + 0{,}3$
   d) unendlich viele Lösungen, Geraden sind identisch: I $y = 0{,}4\,x - 0{,}1$

17 Konzertkalkulation

Aufgabe verstehen

Einnahmen: Karten Kategorie 1: 35 € pro Stück
Karten Kategorie 2: 25 € pro Stück

Kosten: 4000 € Künstler fix, dazu
40 % der Einnahmen
3100 € Technik

Fragestellung: Wie viele Karten sollen für jede Kategorie angeboten werden, damit nach Abzug der Kosten noch 2500 € übrig bleiben?

Situation strukturieren

Folgende Information fehlt im Text:

– Wie viele Karten können insgesamt verkauft werden, d.h., wie viele Plätze gibt es im Saal? 542 Karten (aus Sitzplan abzählen)

Annahme: Sitzplätze sind umso besser, je weiter vorne und je weiter in der Mitte sie liegen.

Mathematik benutzen

Gesamtzahl der Karten: $x + y = 542$ (x: Anzahl Kategorie I; y: Anzahl Kat. II)

Einnahmen: $35\,x + 25\,y$

Gewinn, soll 2500 € betragen: $35\,x + 25\,y - 4000 - 3100 - 0{,}4(35x + 25y) = 2500$

bzw. $0{,}6 \cdot 35\,x + 0{,}6 \cdot 25\,y = 9600$

Lineares Gleichungssystem: I $x + y = 542$
II $0{,}6 \cdot 35\,x + 0{,}6 \cdot 25\,y = 9600$

Lösung: $x = 245$; $y = 297$

Ergebnis erklären

Es sollten 245 Karten der Kategorie I und 297 Karten der Kategorie II angeboten werden. Die Grenze zwischen den Plätzen der verschiedenen Kategorien könnten z.B. folgendermaßen gezogen werden:

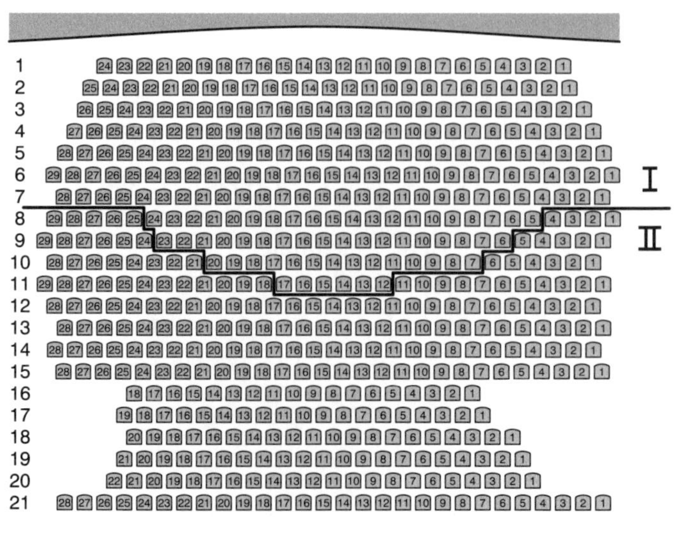

18 In einem Amphibienfahrzeug um die Welt

Der Erdumfang am Äquator beträgt u = 40 030 km ($u = 2\pi r$ mit r = 12 742 km)

a) Verkleinerte Darstellung:

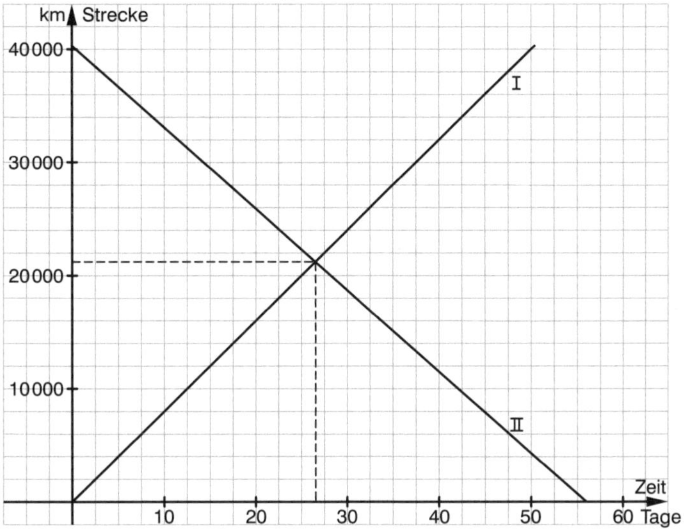

Fahrzeug 1: Geschwindigkeit 80 $\frac{km}{h}$; 10 h pro Tag, also 800 km pro Tag.

Fahrzeug 2: Geschwindigkeit 60 $\frac{km}{h}$; 12 h pro Tag, also 720 km pro Tag.

b) Entfernung vom Startpunkt nach x Tagen:
I y = 800 x
II y = 40 030 – 720 x (da in umgekehrter Richtung fahrend)
Lösung diese Gleichungssystems (z.B. mit Gleichsetzen):
x = 26,34 (Tage); y = 21 068 (km)
Die beiden Fahrzeuge treffen sich am 27. Tag (nach 26,34 Tagen).
Fahrzeug I hat dann 21 068 km zurückgelegt; Fahrzeug II 18962 km.

c) Die grafische Lösung zeigt schnell den ungefähren Wert.
Die rechnerische Lösung liefert die exakte Lösung.

19 Vermischte Aufgaben zu Kapitel 5

1. Beispiele:
a) y = x – 5
y = 1 – x
b) x = y + 5
2x + 2y = 2
c) 2x + y = 4
3x – y = 11

2. Person 1 hat x Rubel, Person 2 hat y Rubel. Gleichungssystem:
I $x + \frac{2}{3}y = 29$
II $\frac{3}{4}x + y = 29$
Lösung: $x = \frac{58}{3} = 19\frac{1}{3}$; $y = \frac{29}{2} = 14{,}50$

Die erste Person besitzt $19\frac{1}{3}$ Rubel, die zweite 14,50 Rubel.

3. 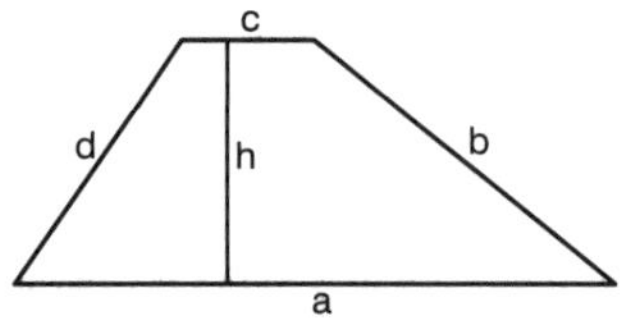

$a - c = 8; h = 3c$

Gleichungssystem: I $a - c = 8$

II $\frac{1}{2}[(a-1) + (c-1)] \cdot (3c-1) = \frac{1}{2}(a+c) \cdot 3c - 15$

bzw.

I $a - c = 8$

II $a + 7c = 32$

Lösung: $a = 11; c = 3$ (damit $h = 9$)

Die parallelen Seiten des Trapezes sind a = 11 cm; c = 3 cm; die Höhe ist h = 9 cm.

4. Alter Frau Pütz: x; Alter Tochter: y

Gleichungssystem: I $x - 3 = 6(y - 3)$

II $x + 1 = 4(y + 1)$

Lösung: $x = 39; y = 9$

Frau Pütz ist 39 Jahre alt, ihre Tochter Ines 9 Jahre.

5. Geradengleichungen: I $y = \frac{1}{2}x + 10$

II $y = 1{,}5\,x$

Schnittpunkt: $S(10|15)$

20 Ähnlichkeit

1. a) 75000 cm b) 31000 mm² c) 0,0000603 m² d) 250000 mm³ e) 15,2 cm²

f) 0,0127 m g) $\frac{100000000}{15}$ dm² = 6666666,67 dm² h) 0,67432 m³

2.

	a)	b)	c)	d)
Maßstab	1 : 30000	1 : 40000	1 : 1000000	1 : 20
Länge in der Karte	4,5 cm	3,2 cm	10 cm	24 cm
Länge in Wirklichkeit	1,35 km	1,28 km	100 km	4,80 m

3. a) 1 : 37500

b) Länge im Bild: 7,3 cm; Länge in Wirklichkeit: 2737,50 m

c) Franzi möchte den Köhlerwaldweg nehmen.
Steilste Stelle bergab: nach etwa 1,2 km, also nach etwa 18 Minuten, um 10:48 Uhr.
Steilste Stelle bergauf: nach etwa 4,35 km, also nach etwa 65 Minuten, um 11:05 Uhr.

d), e) –

21 Camera obscura

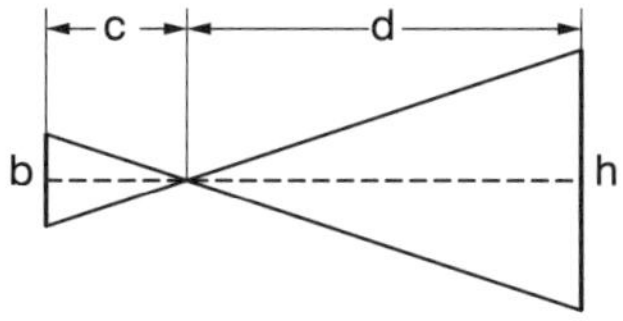

Strahlensatz: $\frac{b}{h} = \frac{c}{d}$
Die Höhe h des Turms ist eine feste Größe.
Die Bildhöhe b wird umso größer, je größer der Quotient $\frac{c}{d}$ wird.

Der Maler könnte entweder den Abstand c der Leinwand zur äußeren Wand der Kammer vergrößern oder den Abstand d der äußeren Wand (also des gesamten Kastens) zum Turm verringern.

22 Ähnlichkeit und Flächeninhalt beim Dreieck

1. Flächeninhalt des Dreiecks ABC:
   a) $A = \frac{1}{2} c \cdot h_c$ b) $A = \frac{1}{2} a \cdot h_a$ c) $A = \frac{1}{2} b \cdot h_b$

2. $c \cdot h_c = a \cdot h_a = b \cdot h_b$

3. a) –
   b) Die Dreiecke ABE und BCD sind ähnlich: beide stimmen im Winkel β (bei B) und im rechten Winkel (bei E bzw. bei D) überein, damit stimmen sie in allen drei Winkeln überein.
   Die Verhältnisse entsprechender Seitenlängen sind in ähnlichen Dreiecken gleich. Betrachte speziell hier das Verhältnis Hypotenuse zu längerer Kathete:
   $\frac{a}{h_c} = \frac{c}{h_a}$
   c) Multipliziere die Gleichung aus b) mit $h_c \cdot h_a$: $a \cdot h_a = c \cdot h_c$.
   Entsprechende Überlegungen führen auf $a \cdot h_a = b \cdot h_b$.

4. Die Gleichung $c \cdot h_c = a \cdot h_a = b \cdot h_b$ gilt auch in stumpfwinkligen Dreiecken:

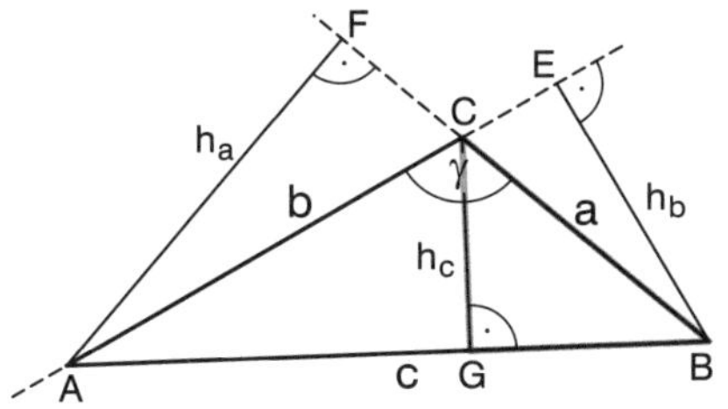

Die Dreiecke ABF und BCG stimmen im rechten Winkel und im Winkel bei B überein, damit also in allen drei Winkeln. Diese Dreiecke sind somit ähnlich und die Verhältnisse entsprechender Seitenlängen sind gleich. Betrachte speziell das Verhältnis Hypotenuse zu kürzere Kathete: $\frac{c}{h_a} = \frac{a}{h_c}$. Multiplikation mit $h_c \cdot h_a$ führt auch hier auf $a \cdot h_a = c \cdot h_c$.

23 Vermischte Aufgaben zu Kapitel 6

1. a) Maße im Bild: Breite ca. 0,4 cm; Höhe ca. 0,25 cm (an den Spiegeln in der untersten Reihe messen; die oberen Spiegel sind im Bild perspektivisch verkürzt); in Wirklichkeit: Breite 83 cm; Höhe 50 cm; Maßstab: 1 : $\underline{200}$
   b) gesamte Fläche: Breite 14 · 0,83 m = 11,62 m; Höhe 7,00 m; Fläche: 81,34 m²
   c) Ähnlich sind z.B. :
   Ein kleines Rechteck und ein Rechteck mit 2 Spiegeln Breite und 2 Spiegeln Höhe; alle Rechtecke mit Breite k Spiegel und Höhe k Spiegel sind ähnlich zu einem kleinen Rechteck.
   Ein Rechteck mit Breite 2 Spiegel und Höhe 3 Spiegel ist ähnlich zu einem Rechteck mit Breite 4 Spiegel und Höhe 6 Spiegel (allg. zu jedem Rechteck mit Breite 2k Spiegel und Höhe 3k Spiegel); usw.
   Alle Rechtecke der Breite b = n · x Spiegel und Höhe h = n · y Spiegel sind ähnlich zum Rechteck der Breite x Spiegel und Höhe y Spiegel.

   Rechtecke mit 2 Spiegeln Breite, 3 Spiegel Höhe sind nicht ähnlich zu Rechtecken mit z.B. 3 Spiegeln Breite, 4 Spiegeln Höhe (Seitenlängen: 2 · 83 cm; 3 · 50 cm; bzw. 3 · 83 cm; 4 · 50 cm).
   Insgesamt sind in der Skulptur Breiten bis 14 Spiegel und Höhen bis 14 Spiegel möglich. Durch Abzählen aller Möglichkeiten für Rechtecke innerhalb der Skulptur findet man 128 verschiedene nicht zueinander ähnliche Rechteckformen.

2. (A) falsch; Gegenbeispiel: Quadrat und Rechteck (mit verschieden langen Seiten) stimmen in allen entsprechenden Winkeln überein, sind aber nicht ähnlich.
   (B) richtig; wenn zwei Dreiecke in zwei Winkeln übereinstimmen, dann auch im dritten Winkel. Sie können dann durch zentrische Streckung ineinander abgebildet werden.
   (C) richtig; zwei Kreise können immer durch zentrische Streckung auseinander hervorgehen.
   (D) falsch; Gegenbeispiel: rechtwinklige Dreiecke mit den Seitenlängen 3 – 4 – 5 und 5 – 12 – 13 haben verschiedene Seitenverhältnisse. (Mit dem Satz des Pythagoras weist man nach, dass Dreiecke mit diesen Seitenlängen rechtwinklig sind.)

3. Strahlensätze anwenden; z.B.
   $\frac{\overline{AE}}{\overline{AF}} = \frac{25}{15}$ mit $\overline{AE} = \overline{AF} + 8$; also $\frac{\overline{AF+8}}{\overline{AF}} = \frac{25}{15}$ oder $\overline{AF+8} = \frac{25}{15}\overline{AF}$; $8 = \frac{10}{15}\overline{AF}$.
   $\underline{AF = 12\text{ cm}}$
   Ähnlich: $\overline{AG}$ = 18 cm; $\overline{BC}$ = 14 cm; $\overline{BG}$ = 6 cm; $\overline{AH}$ = 7 cm; $\overline{HI}$ = 7 cm

4. 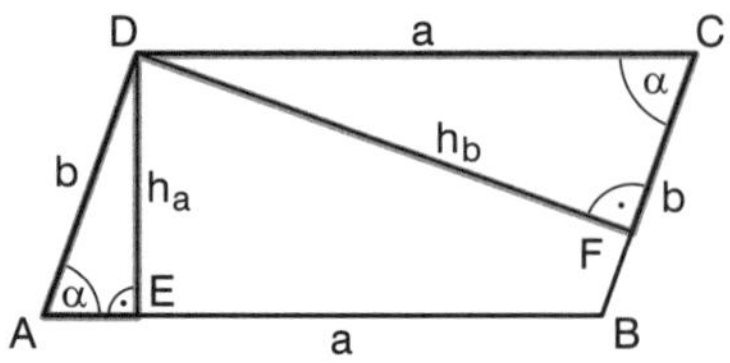

   Die Dreiecke DAE und CDF stimmen im rechten Winkel und im Winkel α überein, damit auch im dritten Winkel. Sie sind also ähnlich. Damit sind die Verhältnisse entsprechender Seitenlängen gleich; betrachte hier das Verhältnis Kathete bei α zu Hypotenuse:
   $\frac{\overline{FC}}{\overline{CD}} = \frac{\overline{AE}}{\overline{AD}}$ bzw. $\overline{FC} = \overline{CD} \cdot \frac{\overline{AE}}{\overline{AD}}$. Da $\overline{CD} = \overline{AB}$ und $\overline{AD} = \overline{BC}$ (gegenüberliegende Seiten im Parallelogramm), gilt $\overline{FC} = \frac{\overline{AB}}{\overline{BC}} \cdot \overline{AE}$. Wenn $\frac{\overline{AB}}{\overline{BC}} = 2$ (dies war vorausgesetzt), dann ist $\overline{FC} = 2 \cdot \overline{AE}$.

24 Prozent- und Zinsrechnung

1.

Prozentsatz	50 %	75 %	60 %	25 %	4 %	5 %	20 %	15 %
Dezimalbruch	0,50	0,75	0,60	0,25	0,04	0,05	0,20	0,15
Hundertstel-Bruch	$\frac{50}{100}$	$\frac{75}{100}$	$\frac{60}{100}$	$\frac{25}{100}$	$\frac{4}{100}$	$\frac{5}{100}$	$\frac{20}{100}$	$\frac{15}{100}$
Gekürzter Bruch	$\frac{1}{2}$	$\frac{3}{4}$	$\frac{3}{5}$	$\frac{1}{4}$	$\frac{1}{25}$	$\frac{1}{20}$	$\frac{1}{5}$	$\frac{3}{20}$

2. a) 30 € b) 330 l c) 1500 € d) 6,25 l e) 72 kg
f) 280 m g) 200 l h) 90 m i) 33,60 € j) 1200 t

3. Marie rechnet mit dem Dreisatz:

Prozentsatz	Prozentwert
30 %	150 €
10 %	50 €
100 %	500 €

Simin geht von der Formel aus: $p\% = \frac{W}{G}$; hier $\frac{30}{100} = \frac{150}{G}$. Sie erweitert den Bruch $\frac{30}{100}$ so, dass der Zähler den Wert W = 150 annimmt (also Erweitern mit 5). Der Nenner wird dann zu 500 erweitert.

4. a) 800 kg b) 400 l c) 1600 m d) 150 t

5. Die eingezeichneten Raster helfen, die Anteile zu bestimmen:

a) 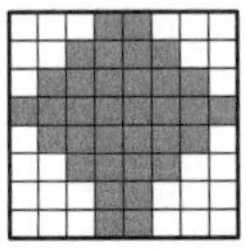 $\frac{34}{64} = \frac{17}{32} = 53{,}125\ \%$

b) 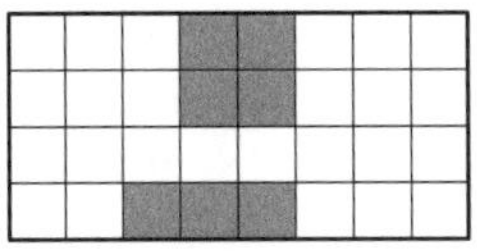 $\frac{7}{32} = 21{,}875\ \%$

c) 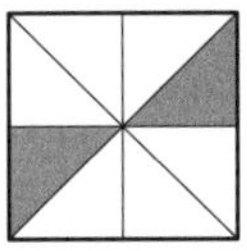 $\frac{1}{4} = 25\ \%$

d) 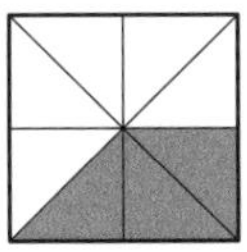 $\frac{3}{8} = 37{,}5\ \%$

6.

Anfangswert	a) 2500 €	b) 13000 €	c) 15,50 €	d) 44,80 €
Zuwachs in % um Betrag	5 % 125 €	40 % 5200 €	20 % 3,10 €	25 % 11,20 €
Endwert	2625 €	18200 €	18,60 €	56,00 €

25 Preiskalkulation

a), b)

Kalkulieren Sie, zu welchem Preis Sie Ihre Waren weiter verkaufen müssen.			
	Beispiel	a)	b)
Listenpreis des Herstellers (für ein Produkt)	78,75 €	435,00	**11,35**
– Rabatt (20 %) beim Einkauf	15,75 €	87,00	2,27
= Zieleinkaufspreis	63,00 €	348,00	9,08
– Skonto (2 % beim Einkauf)	1,26 €	6,96	0,18
= Einkaufspreis des Händlers	61,74 €	341,04	9,26
+ Bezugskosten (ca. 10 % für Versand, Lieferung etc.)	6,17 €	34,10	0,93
= Bezugspreis	67,91 €	375,14	10,19
+ Handlungskosten (35 %, z.B. für Einkaufen, Verpacken, Verwaltung etc.)	23,77 €	131,30	3,56
= Selbstkosten	91,68 €	506,44	13,75
+ Gewinn-/Kalkulationsaufschlag (10 %)	9,17 €	50,64	1,38
= Verkaufspreis netto	100,85 €	557,08	15,13
+ Umsatzsteuer 19 %	19,16 €	105,85	2,87
= **Verkaufspreis brutto**	120,01 €	**662,93**	18

c) Preisnachlass: 8,33 %. Der Händler macht nach diesem Preisnachlass noch einen Gewinn von 0,76 € pro Stück. (Im Preis von 110 € sind 19 % Umsatzsteuer (17,56 €) enthalten, die der Händler abführen muss. Seine Einnahmen betragen also 92,44 € pro Tablet. Verglichen mit dem Selbstkostenpreis von 91,68 € – siehe Tabelle, Beispiel – macht der Händler also 0,76 € Gewinn. Dies entspricht etwa 0,83 %.)

d) Vor der Aktion: Umsatz pro Woche 28 · 120 €; Gewinn 28 · 9,17 €
während der Aktion: 28 · (1+p%) verkaufte Exemplare; Umsatz: 28 · (1+p%) · 110 €; Gewinn: 28 · (1+p%) · 0,76 €
Um den gleichen Umsatz zu erzielen, müssten die Verkaufszahlen um 10/110, also um 0,09 % steigen. (aus 28 · (1+p%) · 110 = 28 · 120)
Um den gleichen Gewinn zu erzielen, müssten die Verkaufszahlen dagegen um 1107 % steigen! (aus 28 · (1+p%) · 0,76 = 28 · 9,17)

26/27 Niederschlagswassergebühr

Aufgabe verstehen

Abwassergebühr vorher: einheitlich nach Frischwasserverbrauch; 2,91 $\frac{€}{m^3}$

Abwassergebühr nachher: getrennt nach Frischwasserverbrauch (wie bisher 2,91 $\frac{€}{m^3}$) und Niederschlagswassergebühr, je nach Größe des Grundstücke und Art der versiegelten Flächen.

Situation strukturieren

Beispiele und Annahmen:

	Einfamilienhaus	Mehrfamilienhaus mit 8 Wohneinheiten	Industrie und Gewerbe (z.B. Einkaufszentrum)
Grundstücksgröße	800 m^2	800 m^2	800 m^2
Personen	4 Personen	24 Personen	
Versiegelte Flächen: Standarddach (1,0) Gründach (0,5)	 60 m^2 18 m^2 (Garage)	 300 m^2	 600 m^2
Befestigte Flächen – Asphalt (1,0) – Pflaster (0,8) – Zufahrt mit Rasengittersteinen (0,3)	 8 m^2 (Terrasse) 15 m^2 (Garageneinfahrt)	 80 m^2 (Wege) 100 m^2 (Pkw-Stellplätze*)	 200 m^2 (Parkplatz)
Frischwasserverbrauch	200 m^3	1200 m^3	800 m^3 (geschätzt)

* im Mehrfamilienhaus pro Wohneinheit 1,5 Pkw-Stellplätze; Größe eines Stellplatzes ca. 12 m^2 (2,4 m × 5 m)

Mathematik benutzen

	Einfamilienhaus	Mehrfamilienhaus mit 8 Wohneinheiten	Industrie und Gewerbe (z.B. Einkaufszentrum)
Gebührenrelevante Fläche	79,9 m^2 $(60 \cdot 1 + 18 \cdot 0{,}5 + 8 \cdot 0{,}8 + 15 \cdot 0{,}3)$	460 m^2 $(300 \cdot 1 + 80 \cdot 1 + 100 \cdot 0{,}8)$	800 m^2 $(600 \cdot 1 + 200 \cdot 1)$
Frischwasserverbrauch	200 m^3	1200 m^3	800 m^3 (geschätzt)
Gebühren			
Bisher	$200\ m^3 \cdot 2{,}91\ \frac{€}{m^3} = 582\ €$	$1200\ m^3 \cdot 2{,}91\ \frac{€}{m^3} = 3492\ €$	$800\ m^3 \cdot 2{,}91\ \frac{€}{m^3} = 2328\ €$
neu	$200\ m^3 \cdot 2{,}31\ \frac{€}{m^3} + 82{,}2\ m^2 \cdot 0{,}76\ \frac{€}{m^2} = 524{,}47\ €$	$1200\ m^3 \cdot 2{,}31\ \frac{€}{m^3} + 460\ m^2 \cdot 0{,}76\ \frac{€}{m^2} = 3121{,}60\ €$	$800\ m^3 \cdot 2{,}31\ \frac{€}{m^3} + 800\ m^2 \cdot 0{,}76\ \frac{€}{m^2} = 2456{,}00\ €$

Ergebnis erklären

Ein- oder Mehrfamilienhäuser mit geringen befestigten Flächen werden entlastet.
Für Grundstücke mit großen befestigten Flächen und gleichzeitig geringem Wasserverbrauch (z.B. Einkaufszentren, Hallenbauten, Schulen, usw.) werden die Gebühren steigen.

28 Vermischte Aufgaben zu Kapitel 7

1. a) Maximal sind in einem Jahr $365 \cdot 178 = 64\,970$ Übernachtungen möglich. 50000 von 64970 sind 76,96 %, also ungefähr 77 %. Das Jugendgästehaus war zu etwa 77 % ausgebucht.

   b) Im 5. Jahr müssten $50\,000 \cdot (1{,}02)^5 = 55\,204$ Übernachtungen gebucht werden.

   c)

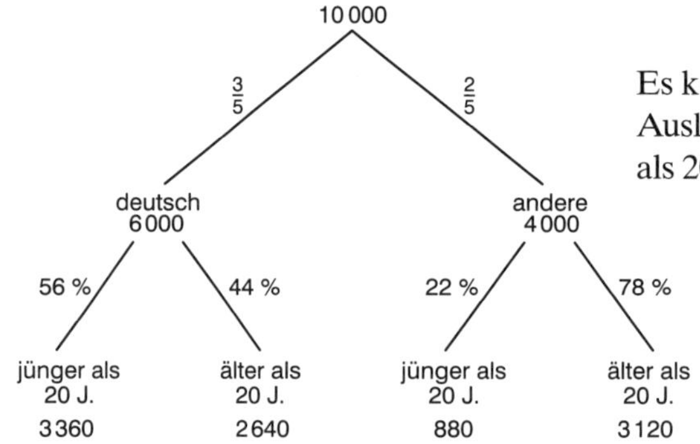

Es kamen etwa 4000 Gäste aus dem Ausland, davon waren etwa 880 jünger als 20 Jahre.

2. Zinsen für 250 € von 15. Mai bis 31. Dezember (230 Tage) bei einem Zinssatz von 1,3 %:
   $Z_1 = 250\text{ €} \cdot 0{,}013 \cdot \frac{230}{360} = 2{,}076\text{ €} \approx 2{,}08\text{ €}$
   Zinsen für 250 € von 20. Mai bis 31. Dezember (225 Tage) bei einem Zinssatz von 1,3 %:
   $Z_2 = 250\text{ €} \cdot 0{,}013 \cdot \frac{225}{360} = 2{,}031\text{ €} \approx 2{,}03\text{ €}$
   Der Zinsverlust beträgt 0,05 € = 5 Ct.

3. Gesamtmenge: 180 ml
   Fruchtmenge: $0{,}15 \cdot 20\text{ ml} + 0{,}45 \cdot 80\text{ ml} + 0{,}50 \cdot 80\text{ ml} = 79\text{ ml}$
   Fruchtanteil: 79 von 180 sind 43,9 %.

29 Flächen- und Körperberechnungen

1. a)

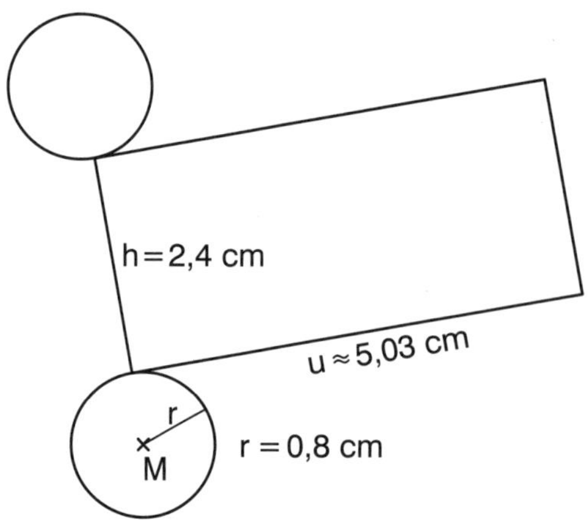

   b) r = 0,8 cm
   h = 2,4 cm
   M = 12,072 cm²
   O = 16,09 cm²

2. 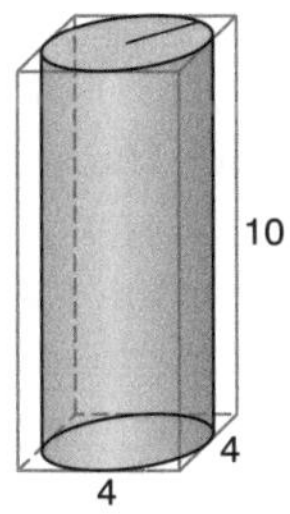

Der Kreisumfang ist kleiner als der Quadratumfang ($4\pi < 4 \cdot 4$), also ist die Mantelfläche des Zylinders kleiner als die Mantelfläche des Quaders. Die Kreisfläche (Grundfläche des Zylinders) ist kleiner als die Quadratfläche. Damit ist die gesamte Oberfläche des Zylinders kleiner als die Oberfläche des Quaders.

3. a) Umfang $u = 2\pi r$ Mantelfläche: $M = 2\pi rh$ Volumen: $V = \pi r^2 h$
Grundfläche: $G = \pi r^2$ Oberfläche: $O = 2\pi rh + 2\pi r^2 = 2\pi r(h+r)$

b)

	(1)	(2)	(3)	(4)
Radius	5 cm	10 cm	4 cm	3 cm
Höhe	4,2 cm	20 cm	12 cm	5 cm
Umfang	31,42 cm	62,83 cm	25,13 cm	18,85 cm
Grundfläche	78,54 cm²	314,16 cm²	50,26 cm²	28,27 cm²
Mantelfläche	131,95 cm²	1256,64 cm²	301,56 cm²	94,25 cm²
Oberfläche	289,03 cm²	1884,96 cm²	402,08 cm²	150,79 cm²
Volumen	329,87 cm³	6283,20 cm³	603,17 cm³	141,37 cm³

4. a), b) Ergänzt werden müssen entweder die Grundfläche G und die Höhe h oder Radius r und Höhe h.

c) Wenn r und h angegeben werden, kann damit auch der Oberflächeninhalt berechnet werden (siehe Formel in Aufgabe 3).
Werden nur G und h angegeben, so muss zuerst r berechnet werden $\left(\text{aus } r = \sqrt{\frac{G}{\pi}}\right)$, damit der Umfang, damit die Mantelfläche und danach O berechnet werden kann.

30 Kräuterbeet

Aufgabe verstehen

Die alte Grundfläche war rechteckig, Länge 2 m, Breite 1 m, also Flächeninhalt 2 m². Die neue, gleich große Grundfläche ist kreisförmig, ihr Radius kann berechnet werden. Gesucht ist die Mantelfläche des Zylinders (im Bild), dessen Radius berechnet werden kann. Dazu kommt der obere Ring aus quer gemauerten Backsteinen.

Situation strukturieren

Fläche des Beets: 2 m². Radius der kreisförmigen Fläche: $r = 0{,}798 \text{ m} \approx 80 \text{ cm}$

Der (Innen-) Radius kann im Bild oben abgemessen werden; ebenso kann die Breite eines Backsteins im unteren Mantel und die Breite der Backsteine im oberen Ring gemessen werden (jeweils einen Stein vorne Mitte wählen, so dass keine perspektivische Verzerrung dabei ist) und bei gleichem Maßstab umgerechnet werden.

Die Backsteine berühren sich am Innenkreis; nach außen wird der größere Zwischenraum mit Mörtel aufgefüllt. Um die Anzahl der Backsteine zu berechnen, ist der Innenradius wichtig.

Mathematik benutzen, Ergebnis erklären
Umfang: u = 502,65 cm
Breite eines Backsteins (im unteren Mantel) ca. 16 cm ; Breite der Backsteine im oberen Ring: ca. 9 cm.
Für den Mantel unten werden in jeder Schicht 32 Backsteine benötigt (502,65 : 16 = 31,4; auf nächste ganze Zahl aufrunden); insgesamt sind es 10 Schichten (ablesen aus Bild). Von dieser Sorte werden also 320 Backsteine benötigt.
Für den oberen Ring werden etwa 56 Backsteine benötigt (502,65 : 9 = 55,85; auf nächste ganze Zahl aufrunden).

31 Vogelkäfig

Käfig (1): Annähern durch einen Zylinder mit r = 45 cm h = 57 cm;
damit $V \approx 362\,618{,}33\ cm^3 \approx \underline{363\ l}$

Käfig (2): Grundfläche des Prismas ist zusammengesetzt aus einem Rechteck und einem Dreieck:

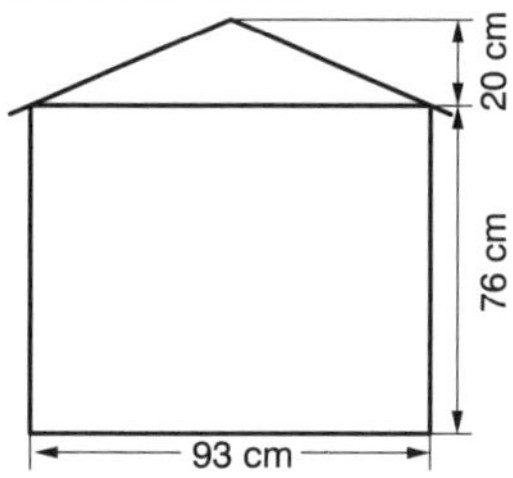

Flächeninhalt Rechteck: $A_1 = 93\ cm \cdot 76\ cm = 7068\ cm^2$
Flächeninhalt Dreieck: $A_2 = \frac{1}{2} \cdot 93\ cm \cdot 20\ cm = 930\ cm^2$
Grundfläche des Prismas: $7998\ cm^2$
Höhe des Prismas: h = 46 cm; damit
Volumen $V = 367\,908\ cm^3 \approx \underline{368\ l}$

Käfig (3): Grundfläche ist zusammengesetzt aus zwei Rechtecken und einem Viertelkreis:

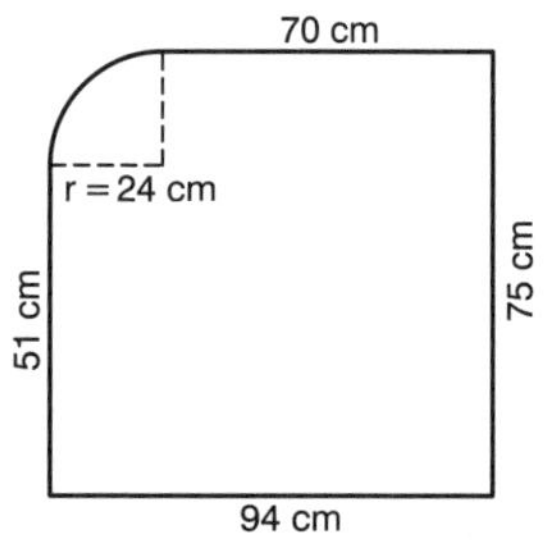

Grundfläche $G = 51 cm \cdot 24\ cm + 70\ cm \cdot 75\ cm + \frac{1}{4}\pi \cdot 24^2\ cm^2 = 6926{,}39\ cm^2$.
Höhe des Prismas: h = 50 cm; damit
Volumen $V = 346\,319{,}46\ cm^3 \approx \underline{346\ l}$

Käfig (2) hat das größte Volumen.

32 Vermischte Aufgaben zu Kapitel 8

1. a) Die Umfänge von Figur 1 und Figur 2 bestehen je aus einem großen Halbkreis (mit r = 4 cm) und je zwei Halbkreisen mit r = 2 cm; sie sind also gleich groß.
Umfang Figur 1: $u_1 = \pi \cdot 4\text{ cm} + 2 \cdot \pi \cdot 2\text{ cm} = 8\pi\text{ cm} = 25{,}13\text{ cm}$
Umfang Figur 2: $u_2 = u_1 = 8\pi\text{ cm} = 25{,}13\text{ cm}$
Umfang Figur 3: $u_3 = \pi \cdot 4\text{ cm} + \pi \cdot 2\text{ cm} + 2 \cdot \pi \cdot 1\text{ cm} = 8\pi\text{ cm} = 25{,}13\text{ cm}$
Alle drei Figuren haben denselben Umfang.
Flächeninhalte:
Figur 1: $A_1 = \frac{1}{2}\pi \cdot 4^2 + \frac{1}{2}\pi \cdot 2^2 - \frac{1}{2}\pi \cdot 2^2 = 8\pi; A_1 = 25{,}13\text{ cm}^2$
Figur 2: $A_2 = \frac{1}{2}\pi \cdot 4^2 - \pi \cdot 2^2 = 4\pi; A_2 = 12{,}57\text{ cm}^2$
Figur 3: $A_3 = \frac{1}{2}\pi \cdot 4^2 - \frac{1}{2}\pi \cdot 2^2 + \pi \cdot 1^2 = 7\pi; A_3 = 21{,}99\text{ cm}^2$

b) Gleichen Flächeninhalt wie Figur 1 hat z.B. ein Halbkreis mit r = 4 cm.
Gleichen Flächeninhalt wie Figur 2 hat z.B. ein Kreis mit r = 2 cm.
Gleichen Flächeninhalt wie Figur 3 hat z.B. ein Kreisring mit äußerem Radius 4 cm und innerem Radius 3 cm. (Fläche $16\,\pi - 9\,\pi = 7\,\pi$)

2. 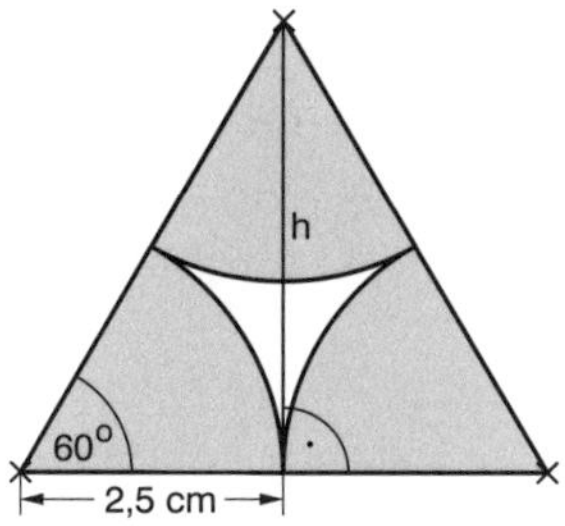

Höhe im gleichseitigen Dreieck (mit Pythagoras berechnen):
$h = \sqrt{5^2 - 2{,}5^2}$; h = 4,33 cm
Fläche des Dreiecks: $A_1 = \frac{1}{2} \cdot 5 \cdot 4{,}33; A_1 = 10{,}83\text{ cm}^2$
Fläche der Kreissektoren (je mit Winkel 60°):
$A_2 = 3 \cdot \pi \cdot 2{,}5^2 \cdot \frac{60}{360} = \frac{1}{2} \cdot \pi \cdot 2{,}5^2; A_2 = 9{,}82\text{ cm}^2$
Inhalt der weißen Teilfläche: $A = A_1 - A_2 = 1{,}01\text{ cm}^2$

3. Kantenlänge des Würfels: a = 7 cm (aus Pythagoras: $a^2 + a^2 = d^2 = 9{,}9^2$)
Volumen des Würfels: $V_1 = 343\text{ cm}^3$
Volumen eines ausgefrästen Augenpunkts: $V_2 = \pi \cdot 5^2 \cdot 3\text{ mm}^3 = 235{,}62\text{ mm}^3$
$= 0{,}23562\text{ cm}^3$
Insgesamt werden 1 + 2 + 3 + 4 + 5 + 6 = 21 Punkte ausgefräst.
Volumen des Spielwürfels: $V = V_1 - 21 \cdot V_2 = 338{,}05\text{ cm}^3$
Masse des Spielwürfels: $m = 0{,}7 \cdot 338{,}05\text{ g} = 236{,}6\text{ g}$

33 Daten und Zufall

1. Es können 3 Ergebnisse auftreten: Der quaderförmige Radiergummi landet
   - auf einer der beiden großen Seitenflächen,
   - auf einer der beiden langen schmalen Flächen,
   - auf einer der beiden kurzen schmalen Flächen.

   Die Schätzung der Wahrscheinlichkeiten ist abhängig von den Maßen des Radiergummis, sie können aber nicht einfach durch z.B. die Verhältnisse der Flächeninhalte der Seitenflächen beschrieben werden.

2. a)

	Timo	Timo	Katja	Katja	Felix	Felix	Leo	Leo	Summe	Summe	b)
	Abs. Häufigkeit	Rel. Häufigkeit	Abs. Häufigkeit	Rel. Häufigkeit	Abs. Häufigkeit	Rel. Häufigkeit	Abs. Häufigkeit	Rel. Häufigkeit	Rel. Häufigkeit	Abs. Häufigkeit	Schätzung für die Wahrscheinlichkeit
Bauch	11	0,177	29	0,2197	37	0,185	46	0,1855	123	0,1916	19 %
Rücken	13	0,2097	26	0,1970	37	0,185	56	0,2258	132	0,2056	21 %
Seite	33	0,5323	61	0,4621	107	0,535	120	0,4839	321	0,5	50 %
Kopf	0	0	1	0,0076	0	0	0	0	1	0,0016	0 % (genau: 0,02 %)
Füße	5	0,0806	15	0,1136	19	0,095	26	0,1048	65	0,1012	10 %
Summe	62		132		200		248		642		

c) Beim Ergebnis „Kopf“ ist das Ergebnis sehr ungenau, da hier zu wenige Ergebnisse vorliegen und durch das Runden auf 0 abgerundet wurde. Dieses Ergebnis hat zwar eine sehr geringe Wahrscheinlichkeit, es ist aber nicht völlig unmöglich.

d) Die Wahrscheinlichkeit, dass Katja gewinnt (Ergebnis „Bauch“), ist 19 %, sie kann also mit durchschnittlich $0{,}19 \cdot 5\,€ = 0{,}95\,€$ Gewinn rechnen.
Die Wahrscheinlichkeit, dass Leo gewinnt (Ergebnis „nicht Bauch“), ist 81 %; seine Gewinnerwartung ist $0{,}81 \cdot 1\,€ = 0{,}81\,€$. Katjas Gewinnerwartung ist tatsächlich höher als Leos.

3. a) Der besondere Würfel ist regelmäßig, er hat 12 Flächen, so dass die Wahrscheinlichkeiten für jede Seitenfläche (etwa) gleich groß sind. Bei 423 Würfen kommt jede Fläche vermutlich 35 – 36-mal vor. (423 : 12 = 35,25)
Die Zahlenwerte 3, 5, 6 und 8 gibt es bei diesem speziellen Würfel nicht. Die Zahlenwerte 1 und 9 kommen zweimal vor; die 7 kommt dreimal vor. Eine mögliche Verteilung der Würfe ist z.B.:

Zahl	1	2	3	4	5	6	7	8	9	10	11	12
Anzahl	72	34	0	37	0	0	106	0	69	35	33	37

Prinzipiell ist auch jede andere Verteilung möglich, bei der die Zahlen 3, 5, 6 und 8 den Wert „0“ haben!

b) Die 4 Ergebnisse 1, 2, 3 und 4 kommen hier etwa gleich oft vor. In Emils Würfel sollten jeweils 3 Flächen mit der gleichen Zahl beschriftet werden, also 3-mal eine „1“; 3-mal eine „2“; 3-mal eine „3“ und 3-mal eine „4“. Wo die einzelnen Flächen jeweils liegen, ist egal.

34 Nicht ganz Drillinge

Aufgabe verstehen
Es werden die Geburtstage von 3 verschiedenen Personen betrachtet. Dabei spielt es keine Rolle, ob es sich um Geschwister handelt oder nicht.
Betrachtet werden die Ereignisse „3 Personen haben am gleichen Tag Geburtstag." bzw. „3 Personen haben nicht alle am gleichen Tag Geburtstag." Dies sind Gegenereignisse, die Summe ihrer Wahrscheinlichkeiten ist 1.

Situation strukturieren
Annahme: Die Wahrscheinlichkeit, an einem bestimmten Tag Geburtstag zu haben, ist für alle Tage des Jahres gleich.

Mathematik benutzen
Die Wahrscheinlichkeit, dass 3 Personen (z.B. 3 Kinder einer Familie) alle am gleichen Tag Geburtstag haben, ist $365 \cdot \frac{1}{365} \cdot \frac{1}{365} \cdot \frac{1}{365} = \frac{1}{365^2}$.
Die Wahrscheinlichkeit, dass in einer Familie mit 3 Kindern die Kinder <u>nicht</u> alle am gleichen Tag Geburtstag haben, ist $1 - \frac{1}{365^2} = 0{,}999992494\ldots$.
Die Wahrscheinlichkeit, dass bei 1100000 Familien mit 3 Kindern jeweils die Kinder nicht am gleichen Tag Geburtstag haben, ist $\left(1 - \frac{1}{365^2}\right)^{1100000} = 0{,}000259504 \approx 0{,}00026 = 0{,}026\ \%$.
(Umgekehrt bedeutet das: Die Wahrscheinlichkeit, dass bei 1 100 000 Familien mit 3 Kindern mindestens bei einer Familie alle 3 Kinder am gleichen Tag Geburtstag haben, ist $1 - 0{,}00026 = 0{,}99974 = 99{,}974\ \%$.)

Ergebnis erklären
Die Wahrscheinlichkeit, dass 3 Personen am gleichen Tag Geburtstag haben, ist zwar recht gering $\left(\frac{1}{365^2} = 0{,}0000075\right)$. Bei einer sehr großen Zahl von „Gruppen von 3 Personen" (betrachtet werden 1100000 Familien) wächst die Wahrscheinlichkeit, dass auch ein so seltenes Ereignis vorkommt.

35 Sammelbilder

a) Die Wahrscheinlichkeit dafür, dass das erste Sammelbild, das man kauft, <u>kein</u> doppeltes Bild ist, beträgt $\frac{639}{639}$ (= 1).
b) Wenn nur noch ein Bild fehlt, dann beträgt die Wahrscheinlichkeit dafür, dass man genau das fehlende Sammelbild bekommt, $\frac{1}{639}$. Also muss man durchschnittlich <u>639</u> Bilder kaufen, um dieses letzte Bild zu bekommen. Man bezahlt im Durchschnitt für dieses letzte Sammelbild <u>76,68 €</u> (ein Bild kostet 0,12 €).

c) Die Wahrscheinlichkeit dafür, dass das 3. Bild verschieden von den ersten beiden Stickern ist, ist $\frac{637}{639}$. Für einen dritten Sticker benötigt man noch durchschnittlich $\frac{639}{637} = 1{,}0031$ Sammelbilder; insgesamt also $\frac{639}{639} + \frac{639}{638} + \frac{639}{637}$ Bilder.
Für das 4. Bild im Album braucht man durchschnittlich $\frac{639}{636} = 1{,}0047$ Bilder; insgesamt also $\frac{639}{639} + \frac{639}{638} + \frac{639}{637} + \frac{639}{636}$ Bilder.

d) Um alle Sammelbilder mindestens einmal zu bekommen, muss man also $\frac{639}{639} + \frac{639}{638} + \frac{639}{637} + \frac{639}{636} + \ldots + \frac{639}{2} + \frac{639}{1} = \underline{4497 \text{ Bilder}}$ (genau: 4497,22) kaufen.
Also müsste man – wenn man nicht mit seinen Freunden tauscht – im Durchschnitt für ein gefülltes Album 539,64 € bezahlen.

e) Bei einer „perfekten Gleichverteilung" der 4497 gekauften Bilder hätte man von jedem der 639 verschiedenen Bilder $\frac{4497}{639} = 7{,}03$, also ca. 7 Bilder. In Wirklichkeit gibt es auch Bilder, die man 13-mal hat, die Anzahlen der meisten Bilder werden aber in der Nähe des Mittelwerts 7 liegen.

36 Vermischte Aufgaben zu Kapitel 9

1. a) Der Würfel hat zwei Symmetrieebenen: eine schneidet den Würfel entlang der „Lücke"; diese Ebene ist parallel zu den Seiten mit der 1 und mit der 6. Die 1 und die 6 sollten deshalb mit gleicher Wahrscheinlichkeit gewürfelt werden.
Für Teilaufgabe 6 b) benötigt man weitere Überlegungen: Die andere Symmetrieebene verläuft parallel zu den Seiten mit der 2 und mit der 5. Deswegen sollten auch die 2 und die 5 mit gleicher Wahrscheinlichkeit gewürfelt werden. Am meisten Masse hat der Würfel an der Seite mit der 3. Diese Seite wird am häufigsten unten zu liegen kommen, die gegenüberliegende Seite mit der 4 wird am häufigsten gewürfelt. 2 und 5 sind stabiler als 1 und 6 (wenn man eine 6 würfelt, ist über dem „Hohlraum" noch ein Teil des Würfels), die Wahrscheinlichkeit für 2 und für 5 ist höher als die für 1 und für 6.

b) Pirkko hat insgesamt 310-mal gewürfelt (Nenner des gegebenen Bruchs).

Zahl	„3"	„1"	„4"	„6"	„2" oder „5"	„5" oder „2"
Absolute H.	24	43	93	43	54	53
Relative H.	$\frac{24}{310}$	$\frac{43}{310}$	$\frac{93}{310}$	$\frac{43}{310}$	$\frac{54}{310}$	$\frac{53}{310}$

c) Die Wahrscheinlichkeit, 1, 2, 3, 4, 5 und 6 in genau dieser Reihenfolge zu würfeln, ist
– bei einem „normalen" Würfel: $p = \frac{1}{6} \cdot \frac{1}{6} \cdot \frac{1}{6} \cdot \frac{1}{6} \cdot \frac{1}{6} \cdot \frac{1}{6} = 0{,}0000214$
– bei den besonderen Würfeln: $p = \frac{43}{310} \cdot \frac{54}{310} \cdot \frac{24}{310} \cdot \frac{93}{310} \cdot \frac{53}{310} \cdot \frac{43}{310} = 0{,}0000133$
Bei einem „normalen" Würfel ist die Wahrscheinlichkeit größer.

2. a) Es gibt insgesamt $99 \cdot 98 \cdot 97 = 941\,094$ verschiedene Schokoladen mit genau 3 verschiedenen Zutaten (aus 99 Zutaten ausgewählt). Die Wahrscheinlichkeit, dass die beiden Mädchen die gleichen Zutaten gewählt haben, ist $\frac{1}{941094} = 0{,}00000106$.

   b) Die Wahrscheinlichkeit, dass Betty und Natalie *keine* gemeinsame Zutat gewählt haben, ist $\frac{96}{99} \cdot \frac{95}{98} \cdot \frac{94}{97} = 0{,}9109 \approx 0{,}91 = 91\,\%$. (Wenn z.B. Natalie nur aus den 96 Zutaten gewählt hat, die Betty nicht gewählt hat.) Die Wahrscheinlichkeit, dass die beiden mindestens eine gemeinsame Zutat gewählt haben, ist $1 - 0{,}91 = 0{,}09 = 9\,\%$.

   c) Für jede Zutat gibt es die zwei Möglichkeiten „dazutun“ oder „weglassen“. So gibt es bei 99 Zutaten theoretisch $2^{99} = 6{,}338 \cdot 10^{29}$ verschiedene Möglichkeiten.

   d) Die Firma gibt „nur“ 9,8 Mrd. $= 9{,}8 \cdot 10^9$ Möglichkeiten an. Mögliche Beschränkungen könnten sein:
   - maximale Anzahl der Zutaten ist beschränkt
   - die Möglichkeit, überhaupt keine Zutat zu wählen, kann ausgeschlossen werden.
   - bestimmte Zutaten müssen auf jeden Fall dabei sein (Kakao oder Kakaobutter)
   - bestimmte Zutatenkombinationen sind nicht möglich (manche Gewürze passen nicht zueinander; …)

3. Man müsste wissen, wie viele Abgeordnete der einzelnen Parteien sich an der Umfrage beteiligt haben bzw. wie die Anteile der einzelnen Parteien an den 289 Antworten sind. Dann könnte man aus den in der Grafik gegebenen Anteilen berechnen, wie viele Abgeordnete der einzelnen Parteien mit „ja“ bzw. mit „nein“ gestimmt haben.

37–39 **Aufgabensammlung**

1. Wochenendausflug

   Das „Opal Eve“ kommt nicht in Frage, da er nur 4 Sitzplätze hat, Familie Özdemir benötigt 5 Plätze.

   Preisvergleich für die 3 anderen Angebote: Bezahlt werden müssen jeweils
   - der Grundpreis für 3 Tage
   - der Kraftstoffpreis für die gesamte Strecke (800 km)
   - die Kilometerpauschale für die Strecke über den Inklusivkilometern

	PMW Sola	SIAT Malle	MODAL Space
Grundpreis für 3 Tage	88,98 €	91,32 €	104,97 €
Kraftstoff für 800 km	71,59 € ($8 \cdot 5{,}7 \cdot 1{,}57$)	65,31 € ($8 \cdot 5{,}2 \cdot 1{,}57$)	63,38 € ($8 \cdot 5{,}7 \cdot 1{,}39$)
Kilometerpauschale	30,00 € ($3 \cdot 200$ km inklusive, noch Pauschale für 200 km)	15,00 € ($3 \cdot 250$ km inklusive, noch Pauschale für 50 km)	21,00 € ($3 \cdot 220$ km inklusive, noch Pauschale für 140 km)
gesamt	190,57 €	171,63 €	189,35 €

Am günstigsten ist der SIAT Malle.

2. Spam-Filter

Annahme 1: etwa 20 % der eingehenden Emails sind Spam.
Bei 1000 eingehenden Emails wären dann 200 Spam-Mails dabei, 800 erwünschte.

„Anti-Spam“ würde von den 200 Spam-Mails 198 herausfiltern, 2 Spam-Mails „kämen durch“. Von den 800 erwünschten Emails würden 5 %, das sind 40 Emails, herausgefiltert, nur 760 würden ankommen.

„Spam-Stop“ würde von den 200 Spam-Mails 184 herausfiltern, 16 Spam-Mails „kämen durch“. Von den 800 erwünschten Emails würden nur 1 %, also 8 herausgefiltert, 792 erwünschte Mails würden ankommen.

Bei dieser Annahme würde Marielle bei „Spam-Stop“ zwar 14 Spam-Mails mehr bekommen, dafür aber 32 erwünschte Mails mehr. Sie sollte sich hier für Spam-Stop entscheiden.

Annahme 2: etwa 40 % der eingehenden Emails sind Spam.
Bei 1000 eingehenden Emails wären dann 400 Spam-Mails dabei, 600 erwünschte.

„Anti-Spam“ würde von den 400 Spam-Mails 396 herausfiltern, 4 Spam-Mails „kämen durch“. Von den 600 erwünschten Emails würden 5 %, das sind 30 Emails, herausgefiltert, nur 570 würden ankommen.

„Spam-Stop“ würde von den 400 Spam-Mails 368 herausfiltern, 32 Spam-Mails „kämen durch“. Von den 600 erwünschten Emails würden nur 1 %, also 6 herausgefiltert, 594 erwünschte Mails würden ankommen.

Bei dieser Annahme würde Marielle bei „Spam-Stop“ 28 Spam-Mails mehr bekommen, dafür nur 24 erwünschte Mails mehr. Sie sollte sich hier für „Anti-Spam“ entscheiden.

3. Wie viel kostet eine „Zahlpause“?

Für 4 Winterreifen muss insgesamt 305,20 € bezahlt werden.

Zahlpause: Bestellwert 305,20 €; Rechnungsbetrag nach längstens 90 Tagen: 310,75 € (Zinsaufschlag 1%: 3,05 €; Bearbeitungsgebühr 2,50 €); Zusatzkosten also: 5,55 €

Sofortige Zahlung: Überziehungszins pro Tag 0,10428 €
$\left(\text{Zinssatz } 12{,}3\ \%; 305{,}20 \cdot \frac{0{,}123}{360}\right)$. Wenn Familie Baumann ihr Konto 53 Tage oder weniger lange um diesen Betrag überzieht, sind die Zusatzkosten geringer als bei der Zahlpause ($53 \cdot 0{,}10428 = 5{,}52684$).
Da üblicherweise jeden Monat, also nach spätestens 30 Tagen, das nächste Gehalt überwiesen wird, dürfte diese Kontoüberziehung weniger lange sein.
Familie Baumann sollte sich für Sofortzahlung entscheiden.

4. Schluss mit tagelangen Geldtransfers
Annahme: Der Guthaben-Zinssatz bei einem Tagegeldkonto beträgt 1,3 % (vgl. Seite 28, Aufgabe 2); auf einem Girokonto 0 %.
Wenn für einen Betrag von z.B. 1000 € für 1 Tag keine Zinsen bezahlt werden müssen, spart die Bank 1000 € · $\frac{0{,}013}{360}$ = 0,03511 €. Wenn für 2 Tage keine Zinsen bezahlt werden müssen, spart die Bank 0,07222 €.
Wenn eine Bank auf diese Weise Zinsgewinne „im sechsstelligen Bereich" hat, also z.B. 100000 € Zinsgewinne, so müsste sie pro Jahr Überweisungen in Höhe von 1384615385 € (nur Papier-Überweisungen) bis 2769230769 € (nur online-Überweisungen) – übernehmen, also Überweisungen im Wert von ca. 1,3 Mrd. € bis 2,8 Mrd. €.

Vor dem 1.1.2012 dauerte eine Überweisung 2 – 3 Tage, die Bank konnte also für jede Überweisung einen Anteil von $0{,}013 \cdot \frac{2}{360}$ bis $0{,}013 \cdot \frac{3}{360}$ als Zinsgewinn verbuchen.
Nach der Gesetzesänderung darf eine Überweisung nur noch 1 – 2 Tage dauern, der Zinsgewinn beträgt also nur noch $0{,}013 \cdot \frac{1}{360}$ bis $0{,}013 \cdot \frac{2}{360}$.
von $0{,}013 \cdot \frac{2}{360}$ auf $0{,}013 \cdot \frac{1}{360}$ sinken die Gewinne um 50%; das Absinken von $0{,}013 \cdot \frac{3}{360}$ auf $0{,}013 \cdot \frac{2}{360}$ ist ein Verlust von 33,3%.

5. Ankerkette
Annahme: Die Meeresoberfläche ist senkrecht zur direkten Verbindung Schiff – Meeresboden.
Damit das Schiff um maximal 20 m (entlang der Meeresoberfläche) abgetrieben wird, darf die Ankerkette maximal $l = \sqrt{20^2 + 20^2}$ m = 28,28 m lang sein.

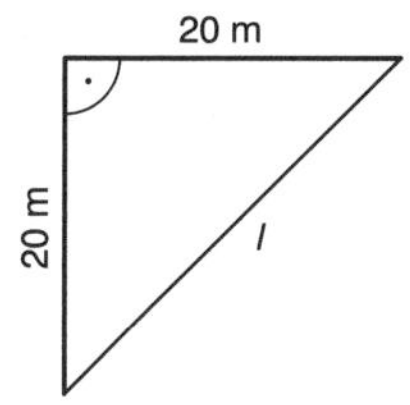

6. Statistik
Die Arbeitslosenquoten schwanken im Jahresverlauf; auch die Spitzenwerte in jedem Jahr schwanken zwischen 10 und 8.
Die Inflationsrate I und die Einwohnerzahl E steigen beide „kontinuierlich" im Lauf der Zeit. Zu Beginn (Jahr 1970) ist der Quotient $\frac{E}{I}$ ungefähr $\frac{25}{3} = 8{,}33$; am Ende (Jahr 2010) ist der Quotient $\frac{E}{I}$ etwa $\frac{42}{8} = 5{,}25$